《戦争に倫理があるのか?》この問いはわれわれが直感的に抱く疑問であろう。
しかし，武力紛争もまた人間の営みのひとつである以上，そこには倫理が関わってくる。
最も重要な倫理問題のひとつとして，「危機に晒されている民間人を
いかに保護するか」を挙げることができよう。

The Ethics of Civilian Protection in Armed Conflict

北海道大学大学院文学研究科
研究叢書

民間人保護の倫理

戦争における道徳の探求

眞嶋俊造

北海道大学出版会

研究叢書刊行にあたって

北海道大学大学院文学研究科は、その組織の中でおこなわれている、極めて多岐にわたる研究の成果を、より広範囲に公表することを義務と判断し、ここに研究叢書を刊行することとした。

平成十四年三月

はしがき

本書が扱うテーマは戦争と倫理である。戦争というテーマはとかく議論をまねきやすく、それは時として熾烈な「論争」に発展することもある。そのこと自体はよいのだが、その「議論」なるものが往々にして、論理や自己チェックを伴わない単なる意見の主張になりがちだという問題がある。

戦争と平和を巡る倫理を考えていくことの重要性を示すために、戦争と平和の倫理における非常に重要な概念でありまた立場である平和主義について検討してみよう。

例えば、「戦争はよくない」という主張があったとしよう。「戦争はよくない」ことは誰もが知っており、おそらくこの主張には著者も含めて多くの人が賛同できると考えられる。「戦争はよくない」と考えない人は、現実の戦争を知らない、または自分が戦争の犠牲者となるとは考えていない軍事マニアや、戦争によって経済的な利益を得ることのできる一部の企業の関係者であるかもしれない。しかし、彼らも、自らや自らの家族が戦争の直接の犠牲となるという状況であったとすれば、その戦争に諸手を挙げて賛成はしないのではないだろうか。

「戦争はよくない」という主張から「戦争はない方がよい」という主張を導き出すのは難しいことではない。なぜならば、非常に単純ではあるが、一般論として、よくないことはない方がよい、と考えられるからである。

戦争がないこと、なくなることを希求し、その実現に向けて行動することは平和主義の根源であり、賞賛されるべきことであろう。しかし、問題は、現在世界各地で戦争が行われており、それらの戦争において多くの人々が犠牲になっているという差し迫った現実があるという点にある。

「戦争はよくない」という主張の正しさに疑うべき余地はないが、例えば今日のイラクやアフガニスタンで「よくないことを止めよう」という主張をしたとして、それはどれ程の実行性や実効性を持つだろうか。おそらく、今現在起こっている、または近い将来に発生するであろう暴力を抑止・阻止するための影響力を発揮する可能性は大きいとは言えないだろう。

しかし、このこともまた平和主義の崇高な理念を否定するものではない。むしろ、個人個人が平和を希求し、その実現のために努力していくことこそが、世界平和を考えるうえで最も重要であると思われる。

ここで気をつけるべき点は、平和を願うことと平和を実現することの間、言い換えれば、理論や理想と現実的な実践との間に大きな溝が厳として存在していることである。平和を実現するためには戦争をしなければいい、というのが平和主義の核心の答えである。しかし、ここで考えるべきことがいくつかある。その一つは、皆が「平和はよい、戦争はよくない」と思っているにもかかわらず戦争がなくならないという経験的な事実である。つまり、過去をふりかえって見ると人間の歴史は戦争の歴史であり、現在も多くの戦争が行われており、近い将来において戦争がなくなる兆しはあまりない。それでは平和主義はどんな立場を採りうるのか？　おそらく様々なやり方があるだろう。例えば、世界がどうであれ、自分は平和主義を信念・行動として貫徹するという個人の平和主義の立場が考えられる。個人の平和主義は、平和主義を第一義的には自分自身において貫くことに主眼がおかれ、社会、特に公共政策に対するコミットメントは第二義的であるという特徴を挙げることができる。この個人の平和主義においてのみ、あらゆる暴力を否定する絶対平和主義の立場を採ることができるだろう。

これまで、平和主義という言葉をあたかも一枚岩の概念であるかのように使ってきたが、ここで考えるべきことは平和主義の指す意味である。戦争と平和を巡る倫理において、平和主義を、現実主義、軍事主義、好戦主義と対置して考えることができる。その一方で、平和主義には、反軍事主義、非戦主義、反戦主義、非暴力、無抵抗といった概念が複雑に混ざっており、その概念の絡み合いにおいていくつかに分類することができる。例えば、最も極端な平和主義として、一切の物理的強制力を否定する絶対平和(＝非暴力)主義を挙げることができる。この立場から考えると、軍事力の保持や行使は言うまでもなく、警察力や、(物理的強制力を伴う場合には)個人による自己防衛ですら否定される。この絶対的平和主義は個人の信念や行動指針として、また他者を啓発する考えや行動としてのみ評価されるだろう。

もちろん、平和主義は絶対平和主義のみを指し示すものではない。例えば、個人においては自己防衛に限り物理的強制力の行使を認める立場(自己防衛的平和主義)、公共領域において法強制のための警察力という物理的強制力の行使までを認める立場(非軍事的平和主義)、抑止のための軍事力を持つことを許容する立場(非戦的平和主義)、自衛のためにのみ軍事力の行使を許容する立場(公共的平和主義)もありうる。このような、広義の平和主義は、戦争をするかしないかという判断をする際に何らかの理由から戦争を選択しない立場であると言える。

例えば、アメリカやイギリスを始めとする欧米民主政国家における軍事専門職集団である軍将校も、時として平和主義的行動を採ることがある。つまり、国益にかなわない、または資源を無駄に浪費する戦争であるから避けたいと考えた場合に、偶発的ではあるがさしあたって平和主義を採るのである。自分が管理する人的資源(指揮下の戦闘員)・物質的資源(軍備品等)を消費することになる戦争を好き好んで行う司令官は、指導者として適正であるとは考えられないだろう。事実、そのような軍指導者教育はなされていないし、そのような司令官は軍指導者としての資質に欠けると判断されるだろう。それ故、政治指導者の軍事的冒険に対して軍事専門家としての立場から中立的にアドヴァイスを行い、政治的、軍事的に見て国益に反する戦争に反対することは彼らの役割である。ただし、結局のところ、彼らは政治指導者の決定した政策を遂行する軍事官僚であり、一旦政治レヴェルでの決定があった場合には、その決定に沿って最も効率的かつ効果的に政治目標を達成するための軍事政策を執行する立場であるのもまた事実である。

以上手短かに検討したように、普段何気なく使っている平和主義という概念ひとつを取ってみても、様々に異なる理解や解釈がありえ、平和主義には様々な立場があることが分かるだろう。絶対平和主義の立場からは、自己防衛的平和主義や非軍事的平和主義でさえ「非平和主義」と映るかもしれない。非軍事的平和主義の立場からは、公共的平和主義が「非平和主義」として映るだろう。絶対平和主義が持つ全ての物理的強制力の行使を絶対的に否定するという考えはある意味でドグマであり、また、何らかの物理的強制力を行使することによってのみ達成できる善や正義の可能性を全否定し、それらについての思考を停止することを意味すると言うこともできる。これを別の側面から見ると、絶対的平和主義以外の平和主義の諸相に共通することは、物理的強制力の行使を巡る倫理的諸問題が付随しており、その意味で、それについて考える端緒になるということが言える。つまり、絶対平和主義を採らない限りにおいて、我々は最も論議を呼ぶだろう物理的強制力の行使である戦争を巡る倫理について考えていくことが重要であると考えられる。

しかし、戦争と平和の倫理について正面から議論することは、わが国ではあまりなされてこなかった。加えて、戦争と平和を巡る倫理が提示する問題は多岐にわたり、それら全てを網羅して議論することは非常に難しい。例えば、本書で取り上げる「正戦論(Just war theory)」という戦争と平和を論じるための枠組みに関わる言説は、過去一六〇〇年以上にわたる議論の蓄積があり、その個々の論点を本書で網羅することは不可能である。そこで、本書では、物理的強制力の行使を伴う戦争を巡る倫理的諸問題のなかで、最も重要な問題の一つである民間人保護について検討していくことにしたい。なぜ民間人保護が戦争や戦闘における最も重要な倫理的問題の一つであるかについては本文で詳しく記述するが、ここでその理由を簡潔に述べるならば、戦争や戦闘において多くの民間人は戦争や戦闘に参加する意思・能力・手段がなく、また自らの安全を確保することが難しいという現状があるからである。例えば、多くの戦争では民間人に対する無差別攻撃や、彼らを意図的に標的とした直接攻撃がなされており、二〇世紀初頭においては戦闘員と民間人との死傷者比率が八対一であったのに対し、一九九〇年代の戦争ではその比率は逆転し、実に一対八になっている[1]。

これらを踏まえて、本書ではまずは、あらゆる戦争や戦闘は絶対悪であるという立場から距離を置いて議論を始めるが、これは絶対非暴力の絶対的平和主義の立場を否定するものではない。すなわち、議論を通してそのような絶対非暴力平和主義を擁護することになる可能性は否定しない。また、マイケル・ウォルツァーが指摘する「人間的営みとしての戦争の道徳的適格の主張[2]」という概念を援用し、ある種の物理的強制力の行使は時として正義にかなうかもしれないし、同時にそのような行為は常に道徳的批判にさらされなければならないという立場から議論を進める。つまり、民間人保護を巡る倫理的諸問題を検討していくことを通して、戦争と平和の倫理について考えるためのひとつの糸口を提供することにこそ本書の狙いがある。

民間人保護の倫理——目　次

はしがき

序　章　なぜ戦争倫理か？、なぜ民間人保護の倫理か？……1
一　なぜ戦争倫理か？……1
二　なぜ民間人保護の倫理か？……7
三　本書の構成……10
第一章　民間人保護を正当化する根拠……13
はじめに……13
一　道徳的に罪がないこと……14
二　無害であること……16
三　責　任……19
四　権　利……20
五　人生の意味……21
まとめ……27
第二章　正戦論における民間人保護――その建設的批判……29
はじめに……29

目　次

一　正戦論の概観と民間人保護……31
二　正戦論と民間人保護の原則……33
1　非戦闘員免除　33／2　比例性　36／3　二重効果　39
三　回復的正義としての補償……43
まとめ……48
第三章　民間人保護はレトリックか？——イスラエル・パレスチナ紛争を例として……51
はじめに……51
一　自衛および国家安全保障——保護対象となる民間人の範囲……52
二　先制および予防——結果主義的正当化の限界……55
三　懲罰・報復、占領への抵抗手段……58
四　人間の盾……63
まとめ……68
第四章　戦争における正義・効用・民間人保護……71
はじめに……71
一　正義・人為的徳・効用……72
二　民間人保護のための道徳的価値としての効用……73

三　第一の範囲解釈――紛争当事者間の互恵としての効用……75
四　第一の範囲解釈の批判的検討……77
五　互恵以外に効用を支持する要素……80
六　第二の範囲解釈――地球規模での効用……83
まとめ……88
第五章　民間人保護と軍事専門職倫理……91
はじめに……91
一　民間人保護が履行されない四つの理由……92
二　軍事専門職倫理としての民間人保護……96
1 民間人保護を軍事専門職倫理に組み込む理由　97／2 軍事訓練および教育　100／3 起こりうる問題の検討　103
三　政府の役割と軍の課題……105
1 政府の役割　105／2 軍の課題　106
まとめ……108
第六章　民間人を保護する責任――人道的介入で保護は可能か？……111
はじめに……111
一　民間人を保護する責任――人道的武力介入のための「新」正戦論……114

二　二つのジレンマ――民間人保護の責任に関する批判的検討　116
三　民間人犠牲者への回復的正義　121
四　民間人犠牲者に対する法的アプローチの限界　123
五　人道的武力介入における民間人犠牲者の問題の解決方法　125
まとめ　129
むすびにかえて　131
補論　正戦の基準　135
一　戦争の正義　136
1　正当な理由　137／2　正当な機関　139／3　正しい意図　139／
4　最終手段　141／5　成功する見込み　142／6　比例性　142
二　戦争における正義　143
1　非戦闘員免除　143／2　比例性　144
あとがき　147
注　*1*
参考文献　*13*

序　章　なぜ戦争倫理か?、なぜ民間人保護の倫理か?

一　なぜ戦争倫理か?

戦争と倫理は無関係なものと考えられることがある。ひょっとすると、戦争倫理という言葉自体が矛盾しているようにさえ感じられるかもしれない。しかし、倫理が「人がいかに生きるか」について問うものであり、そのためあらゆる人間活動には倫理が関係しているとするならば、人間活動の一つである戦争にも必然的に倫理が関係してくる。

戦争と平和を巡る倫理は、ギリシャ古典期トゥキディデスの『ペロポネソス戦争史』第五巻のメロス人との対話における政治的現実主義とリベラリズムの叙述にも読み取ることができ、また道徳的理由に基づき戦争を抑制する議論はキリスト教社会が四世紀から五世紀にかけて軍事化していく文脈のなかでアウグスティヌスによって展開された。その後、ヨーロッパにおける戦争と平和を巡る倫理は、カトリック社会倫理の文脈においてトマス・アキナスにより正戦論として体系化され、さらにヴィットリア、スアレス、グロティウスといった自然法学者によって近代国際法の基礎として発展した。ヨーロッパの伝統のなかで正戦論は公論としての一定の地位を占め、その思想的系譜は分裂と合流、衰退と再評価を繰り返しながら現代に至るまで連綿と続いている。

翻ってわが国を見ると、近年に至るまで戦争倫理について正面から論じられることは稀であった。応用倫理の研究史に限って言えば、一九八〇年代に加藤尚武を中心として応用倫理の「紹介」と「輸入」が行われたが、それは生命倫理に始まり、環境倫理、ビジネス倫理、科学技術倫理、工学倫理、専門職倫理、そして研究倫理といった展開をしてきた一方で、戦争倫理は最後まで体系的に輸入・紹介されずに残されている分野である。

わが国の文脈においてほとんど戦争倫理が論じられてこなかった背景には、日本国憲法第九条に裏打ちされた戦後の平和主義思想があると言える(実際に戦争を行っているアメリカやイギリスで正戦論が広く議論されているのとは対照的である)。戦後の平和主義思想は憲法第九条に根差しており、国際紛争を解決する手段として戦争や武力行使また武力による威嚇の放棄と、軍事力の保持と交戦権の否認にその基礎を置く。憲法第九条の理念から考えれば、戦争をしない日本には戦争に関する倫理は必要ないということを暗示するかもしれない。むしろ、日本の文脈において戦争倫理を論じること自体がすでにわが国の理念である平和主義に真っ向から反対するもので、戦争を正当化したい勢力の片棒を担いでいるようにさえ思われるかもしれない。

しかし、ここで気付くべきことは、政府の防衛政策に見る政治的現実主義とその政策執行機関である自衛隊の存在を勘案すると、日本において戦争倫理を考えるべきだという、緊急かつ深刻な必要性が存在しているということである。なぜなら、憲法第九条の存在にもかかわらず、わが国は事実上の対外的武力行使遂行能力を保持しており、ある状況下ではその能力を実際に投入・展開することが国防政策の前提になっているという事実があるからである。この現実から目を背けることは単なる現実逃避であるばかりでなく、軍事力行使――破壊をもたらす物理的強制力の使用――という極めて重要な倫理的問題について真剣に議論することを放棄するという点において無責任でさえある。なぜ武力行使に関わる倫理的問題を考えないことが無責任であるのか。その理由は、必要とされる事態において政府は軍事力を行使する意思と能力と持ち合わせており、現実に武力が行使されかねない状況が現にあるからである。もし実際に武力が行使された場合、それは多種多様な倫理的諸問題を提示するばかりではなく、我々民間人が最も災厄を被る可能性がある。この点において、武力行使に関する倫理を十分に議論しておくことはひとえに我々のためであり、ひいては全世界の民間人のために必要であり、重要であると考えられる。

わが国において戦争倫理を考えることの必要性を明確にするためには、政府の防衛政策を検討することから始めるのが最も有効であろう。政府の防衛政策は政治的現実主義を背景とし、その政策遂行のための実行力として自衛隊を位置付けている。自衛隊の役割は政府の防衛政策、つまりその第一義である「わが国の平和と安全[1]」を維持・確保するという国家安全保障政策を執行することにあり、「わが国の平和と安全の確保[2]」というのが自衛隊の役割となる。しかし、自衛隊が軍事組織であり、また「防衛力」と呼ばれる軍事力を執行する軍事機関であることは、その設置目的、組織、機能、装備、指揮命令系統の観点から明白である。

憲法第九条の制約上、わが国は国際紛争解決の手段としての戦争を始めることはできない。しかし、このことは「日本が戦争に巻き込まれない」、「そのような状況に直面した場合、わが国は武力行使をしない」ということを意味するものではない。また、「戦争ができない」というのは法的制約により国際紛争解決の手段としての戦争を起せないことを意味するものの、武力行使を遂行する能力を保持し、必要に応じて行使する可能性と選択肢を否定するものではない。言い換えれば、国家がその管理下に軍事組織を持たないという憲法上の建前があるのにもかかわらず、ある特定の状況下においてわが国は自衛隊という軍事力を行使できる能力を保持している。自衛隊を軍事力として保持していることは、政府の防衛政策がホッブズやマキャベリ的な政治的現実主義に深く根差していることを如実に物語っている。防衛政策における政府の現実主義的姿勢は以下に引用する軍事力の必要性を主張する声明に表れている。

平和や安全は、これを願望するだけでは確保することはできません。……しかしながら、こうした努力(非軍事的手段)のみでは、外部からの実力をもってする侵略を必ずしも未然に防ぐことはできず、また、万一侵略を受けた場合に、これを排除することもできないため、このような非軍事手段のみによって国の安全を確保することは困難です。

一方、防衛力は、侵略を排除する国家の意思と能力を表すものとして、侵略を未然に防止し、万一侵略を受けた場合はこれを排除する機能を有しています、防衛力は国の安全保障を最終的に担保するものであって、その機能は如何なる手段によっても代替しえません。[3]

上記引用部分からは、「防衛力」(軍事力)は国家防衛政策にとって必要不可欠であるということが大前提として考えられていることが読み取れる。これは、「わが国が独立国である以上、この規定(憲法第九条)は主権国家としての固有の自衛権を否定するものではありません」[4]という憲法九条に対する政府見解と軌を一にする。また、軍事力を保持する目的は侵略の抑止と侵略が起った場合の排除にあるという政府の認識は、日本が戦争を開始しない（できない）ということは日本が戦争に巻き込まれないということを必ずしも意味しないという悲観的な現実認識に基づき、侵略が起きないように備え、またもしそうなった場合に対応できる能力を保持しておくという現実主義に根差している。

このようなわが国の文脈において戦争倫理を検討することの利点は、ある特定の状況下において自衛隊が軍事力を行使する際における一定の基準の正当性や妥当性を検討し議論していくために、（現実主義や正戦論や平和主義といった）戦争倫理の視座を有効かつ有益な道具として用いうることにある。興味深いことに、日本の防衛基本方針である専守防衛は自衛権発動としての武力行使の前提とされており、このことは武力行使を限定し、行使する際には条件を課すという点において、政治的現実主義に基づく政府の防衛方針と正戦論とを重ね合わせて考えることができる可能性を示唆する。専守防衛は、「相手から武力攻撃を受けたときに初めて防衛力を行使し、その態様も自衛のための必要最小限にとどめ、また、保持する防衛力も自衛のための必要最小限のものに限るなど憲法の精神にのっとった受動的な防衛戦略の姿勢[5]」と定義される。政府の公式解釈によると専守防衛の具体的政策である自衛権発動としての武力行使は、「(1)わが国に対する急迫不正の侵害があること」、「(2)この場合にこれを排除するために他に適当な手段がないこと」、「(3)必要最小限度の実力行使にとどまるべきこと」、以上の三要件に該当する場合にのみに限定される[6]。以上の三要件は正戦論で用いられる戦争開始と戦争遂行の要件の類型と見なすことができるという意味で、政府による武力行使の要件の規定は広い意味での正戦論と解釈することができる。つまり、「わが国に対する急迫不正の侵害があること」というのは自衛のための武力行使を認める条件であり、これは自衛を武力行使の正しい理由として認める正戦論における開戦規定を構成する要件の一つ「（武力の行使を正当化するに足る）正しい理由」に対応すると考えられる。また、「急迫不正の侵害」があった場合においても、それに対処するほかの平和的、非軍事的手段がない場合においてのみ武力行使を認めるという条件は、正戦論の要件「最終手段」に相当すると考えることができる。最後に、「必要最小限の実力行使にとどまるべきこと」という要件は、第二章で検討する正戦論における「比例」および「非戦闘員免除」の要件と同じものと考えることができる。

わが国において戦争倫理を考える必要性は、政府の防衛政策において国家の安全と平和の確保が国民の保護と重ねられている点を批判的に検討することによって最も明確になる。政府の防衛政策は「わが国の平和と安全の確保のため、日本国憲法の下、独立国として必要最小限の基盤的な防衛力の整備に努めるとともに、日米安保体制を基調としてこれに対処する」ことにあり、防衛目的は「国民の生命と財産を守るため」とされている。[7] つまり、政府の防衛指針においては、国民の生命と財産を守る安全の確保と国家の安全と平和の確保とがあたかも同義であるかのように用いられている。たしかに、国家は国民によって構成されており、また政府は国民による民主的手続きを踏んだうえで国家統治を信託されているという理念的枠組みから考えれば、「わが国」(国家)と国民を同じ文脈で並置することの問題は少ない。しかし、ここで考えるべきは、国民の生命と財産の保護と国家の安全と平和の確保が果たして一致するのかという問いである。例えば、国民の生命と財産を保護するために自衛隊が戦闘に投入され、侵略してきた軍事勢力を排除する状況を想定してみよう。この場合、敵対軍事勢力を排除するために自衛隊の軍事力が行使されると、それにより国民が犠牲になり、また被害を被ることが十分に予想される。つまり、その状況では、国民の安全を確保するという名目で行使される自衛隊の軍事力により、保護される対象であるべき国民——たとえ少数であれ——に危害が加えられるという倫理的ジレンマが発生する。ここで、最も重要な点は、自分自身や家族・友人がこの倫理的ジレンマにおける犠牲者になる可能性があるということである。この倫理的ジレンマを考えていくことが重要であり必要であるとするならば、この点にこそわが国において戦争倫理を議論していく必要性の根拠がある。言うなれば、民間人を保護することに国家の道徳的義務があり、その目的を達成するには軍事力行使の手段しか残されていない場合において、軍事力行使は正当化、もしくは許容されるのであろうか。また、民間人保護を目的とした軍事力行使が必然的にほかの民間人を犠牲にする場合、その行為は正当化、もしくは許容されるのであろうか。これが戦争倫理、民間人保護の倫理を考える原初的な問題意識である。

二　なぜ民間人保護の倫理か？

他人に危害を加えることの禁止は、おそらく人類の歴史のなかで普遍的に持ってきた、最も本質的な人間本性に関わる規則の一つである。他者危害禁止は、時間的にも空間的にも限定されず、ほとんど全ての宗教および世俗的倫理諸体系において見つけることができよう。

武力紛争*における民間人――「敵対行為に直接参加していない」[8]非戦闘員――保護を巡る問題は、英語圏で国際法のみならず国際倫理や戦争倫理において最も議論されている中心的論題の一つになっている。

＊　本書においては議論の便宜上、「武力紛争(armed conflict)」と「戦争(war)」とを同義として使用する。

武力紛争においてある種の集団に危害を加えることを禁止または抑制することは、その歴史においてしばしば見つけることができる。例えば、ジョフリー・ベストはヴァッテル(Vattel)を引用して、後期啓蒙期ヨーロッパにおいては、女性、子供、老人、聖職者、病人、農民ほかの非武装の者一般が非戦闘員とされ、「敵ではあるが……無抵抗な敵であり、それ故に戦闘員は、死に至らしめることはおろか、虐待する権利や暴力を振う権利を一切持ち合わせていない」[9]と、非戦闘員に保護的地位が認められていたことを指摘している。

翻って現代の武力戦争においては、民間人が無差別に、また意図的に攻撃の対象になっている。その例として、第二次世界大戦において連合国・枢軸国双方によって行われた無差別爆撃を挙げることができ、またルワンダやボスニアのスレブレニッツァでの虐殺は記憶に新しい。民間人保護が現代の国際関係や戦争における倫理的問題を巡る議論のうちで最も重要な論点の一つであると考えられる理由は、戦争において往々にして民間人死傷者が発生するという点においてだけではなく、すでに指摘したように過去一〇〇年において民間人犠牲者の数と、全犠牲者のうちで民間人が占める割合が急激に増加している点にもあるだろう。[10]民間人保護が実定国際法や慣習法によって定められている事実*にもかかわらず、現代の武力紛争の多くにおいては、大規模の民間人犠牲者が発生し、また戦闘員に対する死傷率においても高い割合であることが見てとれる。[11]このことは民間人保護の必要性という倫理的課題が存在していることを証明するのに十分であろう。

＊ 例えば、一九七七年ジュネーブ条約第一追加議定書五一条には、民間人への直接攻撃の禁止が規定されている。

たしかに、民間人保護を巡る倫理的問題を検討する前に、戦争自体の倫理的正当性について正面から議論することが求められて然るべきかもしれない。事実、戦争の正当性に関する研究は非常に重要かつ有益であると思われるが、この問題はすでにロバート・ホームズ[12]やジョン・ヨダー[13]等によって戦争自体の正当性に対して説得力のある批判的議論がなされている。戦争の正当性自体に疑問が提示されているにもかかわらず、実際に武力紛争が今日に至るまで世界各地において頻繁に行われ、多くの民間人が死傷しているという深刻かつ喫緊の問題が現実に存在するという点に本書のテーマの背景がある。

英語圏においては、武力紛争における民間人保護を巡って、法律・倫理・政策の観点から数多くの議論がなされている。また、民間人保護を巡る議論は現実主義、「正戦論」、平和主義の立場から議論されており、それぞれの立場において様々な論点が取り上げられてきた。それに対してわが国では、上記のように固有の歴史的事情によりこれまで民間人保護を巡る倫理的諸問題はおろか、戦争に関する倫理的諸問題全てが閑却されてきた。しかし、国際システムの変化を背景とした時代の要請を受け、近年、わが国でも戦争の倫理的側面に焦点を当てた議論が活発に紹介されてきており、戦争を道徳的に抑制するための理論である「正戦論」という言葉も定着しつつある。しかし、戦争を巡る倫理的諸問題に関する著作の多くは概説や紹介にとどまり、ましてや民間人保護を巡る倫理的諸問題を正面から議論したものはほとんどない。

本書の議論において主に諸外国における民間人保護の事例を扱う理由は、現代のわが国において戦争ないし戦闘という状況が起っていないからである。しかし、現在のわが国において戦争ないし戦闘が起っていないからといって、民間人保護の問題は我々に無関係であるということにはならない。たしかに、憲法九条により戦争は禁止されているが、このことはわが国の領域内において自衛隊により――おそらく国家防衛という目的のために――軍事力が使われないということを必ずしも意味しない。つまり、何らかの理由によりわが国に対して軍事力が行使されることにより――敵対国家ないし組織による軍事活動が第一に考えられるが――わが国において戦争ないし戦闘状態が発生する可能性は否定できないし、万が一にもそのような状況が発生した場合、対抗するために自衛権の行使として自衛隊が軍事行動をとる可能性は否定できないだろう。例えば、クラスター爆弾は最近になってその廃棄が決定されたが、それは敵性軍事目標物に対して広範囲に攻撃できるように設計されたものであり、最近の紛争における多くの事例から明らかなように、もし使用された場合、誤爆や攻撃に巻き込まれたことによる付随的被害の発生、不発弾による民間被害といったように、我々が直面するかもしれない深刻な問題を孕んでいた。しかし、このような問題があるにもかかわらず、これまで軍事力が行使された場合の民間人保護についての議論は、わが国ではなされてこなかった。今我々に必要なのは、敵対勢力により民間人が危険にさらされるのを保護するだけでなく、自衛隊による軍事行動が発生した場合の民間人保護の問題についても考え、それを担保していくことである。

三　本書の構成

本書の目的は、戦争と平和を巡る倫理のうちで、我々の最大関心事であり、また我々自身が関係するかもしれないアクチュアルな論点の一つである、武力紛争における民間人保護に関する倫理的諸問題について議論を深めていくことにある。具体的には、なぜ民間人保護が必要なのか、どのようにすれば民間人保護をより徹底することができるのかという問いを出発点とし、民間人保護の倫理的正当性、民間人保護のための倫理的枠組みとしての正戦論批判、イスラエル・パレスチナ紛争を事例とした民間人保護の実情、民間人保護を徹底するための理論と実践方法について詳しく検討していく。

本書は六つの章に分かれている。第一章では、なぜ民間人保護が倫理的問題となりうるかを明らかにするために、民間人保護を正当化する根拠となるであろう五つの性格特性、具体的には「道徳的に罪がないこと(moral innocence)」、「無害であること(harmlessness)」、「責任(responsibility)」、「権利(right)」、「人生の意味(the meaning of life)」について検討する。第二章では、戦争と平和を巡る倫理を議論するたき台となる正戦論の枠組みを批判的に検討することにより，正戦論においてはどのように民間人保護を巡る倫理的諸問題が論じられているかを探求する。具体的には，民間人保護に関する正戦論の射程と限界を明らかにするため，民間人保護に関する正戦論の枠組みを批判的に検討する。第三章では，イスラエル・パレスチナ紛争の事例研究を通して，民間人保護を名目にした軍事作戦を巡る言説を分析する。これを通して，民間人に危害を加えることがいかに正当化されてきたかを示し，これらが倫理的に正当化されうるのかという問題について検討する。第四章では，民間人をより有効かつ確実に保護する方法を探究するために，デービッド・ヒュームの効用と正義の概念をたたき台として，民間人保護を武力紛争における正しい行いとして理論的に基礎づける。第五章では，軍事専門職倫理の観点から民間人保護を巡る諸問題を吟味するために，イギリス陸軍の事例から理論的および実証的な議論や資料を検討し，議論を進めていく。第六章では，具体的な民間人保護の方策を探究するために，民間人保護への人道的武力介入の正当性の根拠になりうると考えられている「保護する責任」について，「回復的正義(restorative justice)」の概念を援用して建設的批判を展開する。最後に，補論では正戦論で用いられる戦争の「正・不正」についての判断基準について検討する。

本書の特徴は，英語圏における既存の議論を網羅したうえで民間人保護を巡る倫理的諸問題を包括的かつ体系的に論じているという点にあり，そこに独創性と学術的貢献とが見出されるとするならば幸いである。

第一章　民間人保護を正当化する根拠

はじめに

現代の武力紛争において民間人に危害を加えることが禁止されているにもかかわらず、民間人への無差別あるいは意図的な攻撃が繰りかえされていることは、すでに序章で指摘したとおりである。しかし、このような深刻かつ喫緊の問題があるにもかかわらず、なぜ民間人が保護されるべきかについて議論されることは少ない。ましてや、民間人保護の正当性(または不当性)を巡る議論はほとんど行われていない。おそらくその理由は、武力紛争時における民間人保護が国際人道法においてすでに規定されているという事情、また、国際人道法の根底にある思想の一つである「人道性(humanity)」によって民間人保護の正当性はすでに説明されていることにあると考えられる。たしかに、民間人保護は人道性に基づいているという説明は一般的妥当性を持つと考えられよう。しかし、その人道性とは一体何を意味しているのか、また、どのような性質のもので、どのような要素によって構成されているかという問題には、ほとんど手が付けられていない。つまり、ここで我々が考えなければならない問題は、もし民間人保護が人道性に基づいているが故に肯定され支持されるものだとするならば、どのような根拠で民間人の保護が人道的であるとされるのか、というものである。

戦闘員を含む戦争犠牲者全てではなく民間人の保護のみに研究対象を絞る理由は、本章での議論を通して明らかにしていくが、もし民間人を保護する必要があるとするならば、その理由として戦闘員と民間人のそれぞれの性格特性が異なっていることが考えられよう。

本章の目的は、以上に述べた問題意識を出発点とし、武力紛争においてなぜ民間人が保護されなくてはならないのかという問題を検討し、民間人保護を正当化する根拠を探ることにある。

以上に指摘した点を明らかにしていくため、本章では民間人を保護されるべき集団として性格付けるとともに彼らの保護を正当化すると考えられる性格特性に関する概念について検討する。そのような概念は、「道徳的に罪がないこと(moral innocence)」、「無害であること(harmlessness)」、「責任(responsibility)」、「権利(right)」、そして「人生の意味(the meaning of life)」の五つであろう。以下、これら五つの性格特性に関する概念を検討したい。

一　道徳的に罪がないこと

正戦論においては一般的に、道徳性において罪がある者とそうでない者との分類が、保護されるべき民間人とそうではない集団(戦闘員)との分類と必ずしも一致しないという考えが受け入れられている。[1] その理由は、道徳的に罪がないことがすなわち攻撃を禁止する理由にはならないと考えられる点にある。なぜならば、道徳的に罪がない戦闘員は存在するであろうし、逆に道徳的に罪のある民間人が存在するからである。この点を明確にするために、道徳的に罪がないことと民間人保護を正当化する理由との関係を見ていく。

　道徳的に罪がないことが戦闘員を保護することには必ずしもつながらないし、道徳的に罪があることが民間人を攻撃対象とすることには必ずしもつながらないということを明らかにするために、ジェフリー・マーフィーが出した例――この例では道徳的に罪がないという概念から生じる「振れ」が見られる――を見てみよう。「（喜んで税金を払い、好戦的政治集会を支持する等）ヒトラーによる戦争準備の熱心な支持者である、ドレスデン在住八〇歳の民間人を想定しよう。そして、この例と、強制的に戦地に送り込まれ、いつも意図的に敵兵の頭上に発砲している、恐怖心に駆られた哀れな平和主義者の前線兵士の例とを比較してみよう。この場合、戦争において道徳的に罪がない点で、後者より前者の方がより罪深いと考えるのが合理的であるように思われる」[2]。同じように、ジェフリー・ベストは、道徳的に罪がないという概念と民間人の保護的地位との「ぎくしゃくした」関係について、いくつかの批判的な質問を投げかけている。「しかし、政治的にも心理的にも戦争に賛同し支持している大人（の道徳的に罪がないこと）は、果たしてどうなのであろうか？　政治的指導者層が誇って主張する戦争への支持を隠さない民間人が、偶発的に被害を受ける以外は保護されるべきであるというのは、合理的でありかつ正しいのであろうか？[3]」。

　つまり、道徳的に罪がないという概念は、武力紛争において殺すことの正・不正に関して一応の洞察を提示する点では重要であるが、民間人と戦闘員を区別することにおいては必ずしも役に立つものではないのだ。

二　無害であること

正戦論においては、戦闘員にとって「無害であること(harmlessness)」は、民間人およびそれ以外の非戦闘員*を性格付けるとともに、保護的地位を正当化する根拠として扱われている。正戦論において、非戦闘員が「罪がないこと」は、「無害であること」を意味する。ヒューゴ・スリムは、正戦論において使われる「罪がない(innocent)」という言葉がラテン語のnocens(有害であること)に由来していることを指摘している。[4] また、リチャード・ハーティガンによれば、「無害である」者は保護対象とされるが、具体的には、戦闘員にとって無害な者――それらは、往々にして聖職者、農民、妊婦や母子――を指す。[5] この文脈においてスリムは、無害であるという意味での罪がないことの概念は、非戦闘員を性格付けるのに非常に重要であると論じている。[6] この意味において、無害であることとしての罪がないことが、非戦闘員を保護されるべき集団として性格付け、また彼らの保護を正当化する概念であるとする、正戦論における罪がないことの用法は、国際人道法における用法と軌を一にしていると考えられる。事実、一九七七年ジュネーヴ条約第一追加議定書第五一条では民間人を「敵対活動に直接的に参加していない」非戦闘員として定義しており、その条項への公式注釈書では、「無害の民間人(innocent civilians)」という言い回しが同じ意味で使われている。[7]

＊　一般的に、正戦論においては「無害な者」は必ずしも民間人のみを指さず、むしろ非戦闘員を指すことが多い。非戦闘員といった場合、大部分の民間人だけではなく、戦闘への参加が不能となった戦闘員(傷病者や捕虜)もその範疇に入る(Daniel S. Zupan, *War, Morality and Autonomy: An Investigation in Just War Theory* (Aldershot: Ashgate, 2004), p. 81)。そして、正

戦論では民間人と非戦闘員を厳密に区別することは少なく、同義語のように使われることが多い。

たとえ正戦論において罪がないことが無害であることと考えられたとしても、その概念によって戦争における民間人保護を巡る問題の全てを説明できるわけではない。事実、この点に関しては、全ての正戦論者が無害であることが民間人の保護的地位を正当化する根拠になると考えているわけではない。例えば、ジェニー・ティーチマンは、罪がないことという概念による単一的な二分法だけでは戦争における正当な攻撃目標とそうではないものとを区別化することはできないと論じている。[8]

つまり、問題は、正戦論において想定されているような無害であることに当てはまらない民間人がいるという点である。乳幼児が敵戦闘員にとって危害を加えるとはとうてい考えられないことは明白である。しかしながら、無害な民間人を殺傷する戦闘行為を祝福する聖職者が無害であると考えることは容易ではないかもしれない。また、無差別攻撃に参加していた「英雄的」元兵士はどうだろうか。その兵士は、戦闘で負傷して敵の捕虜となったものの、脱走に成功して無事に帰還した。兵士の経験談が書籍となり、広く読まれて大いに国民の戦意を鼓舞し、世論は政府の政策に影響を及ぼすほどに高まった。そして敵対国の人々に対する無差別攻撃を拡大する軍事作戦が、国民からも政治指導者からも積極的な支持を集めるに至った。さて、この場合、その元兵士は果たして無害であると言えるだろうか。たしかに、以上に措定した聖職者と元兵士は戦闘や軍事作戦には直接的に参加していないという点で、無害であると考えられるかもしれない。しかしながら、民間人を標的とした軍事作戦や無差別攻撃の奨励・助長を通して間接的に武力紛争に参加・貢献しているという点で、彼らを無害であると考えることは難しいように思われる。彼らは直接の戦闘においては無害であるかもしれないが、むしろ、彼らこそ、実態としては戦場の戦闘員にもまして、危害を加える能力・手段・可能性を持ち合わせているという意味において無害ではない者と論じることができるかもしれない。最も深刻な点は、彼らは戦争に積極的貢献をしていながら、民間人としての保護的地位を謳歌していることにあろう。

このように、無害であることは、保護的地位にある集団とそうではない集団とを区別し、前者を保護することの理由付けとして一応は有用な概念であるが、無害であることが民間人の保護的地位を性格付け、また正当化するに足るか否かについては議論の余地を残す。なぜなら、無害であることが戦闘員－民間人の区別を必ずしも明確にする概念ではないからである。非戦闘員とされる無害である者には、民間人のみならず、戦闘に参加不能な傷病兵や捕虜も含まれるからである。

以上、「無害であること」という概念が民間人の保護的地位を性格付けるものかという問題と、「罪がないこと」という概念が民間人保護を正当化するものであるかについて検討してきた。無害である者と無害ではない者との区別が、民間人とほかの非戦闘員の区別は言うまでもなく、戦闘員と民間人との区別を明らかにするものではない、ということを論じてきた。もし、無害であることが民間人の保護的地位を性格付け、それを正当化する根拠として用いられるならば、逆説的に、軍事指揮命令系統に属する民間人の政治的指導者(例えば、国防長官)は明らかに無害ではない者であり、正当な攻撃対象と見なすことができるかもしれない。同じように、逆説的に、民間人を意図的に攻撃対象とする軍事作戦や無差別攻撃を呼びかける聖職者を軍事的攻撃対象にすることは、正当な行為と見なすことができるかもしれない。

次に、民間人保護がいかにして正当化されるかという問題をさらに突っ込んで考えるために、「責任」の概念を検討する。

三　責任

民間人の保護的地位を性格付け、また彼らの保護を正当化するであろう「責任（responsibility）」という概念は、例えばジェトルード・アンスコムによって支持されている。彼女によると、「無害であること」の根拠は、彼らが戦争遂行に責任を負っていないという点にあるとされる。[9] たしかに、責任の概念は、ある程度、民間人の地位を定義する基準として理解することができるように思われる。同様に、ハーティガンは民間人か否かは軍事行為に関与しているか否かによって決まり、軍事行為に対して責任を負っていないことが民間人の保護的地位を正当化する根拠であると論じている。彼によれば、「何らかの特別な方法で保護的に扱われるべき非戦闘員である民間人という現代の分類は、いかなる形においても軍事行為に責任を負っていないということに依拠している」[10]。

しかしながら、責任の概念において、軍事行為に関与していないことが民間人保護を正当化する根拠と、前節で考察した無害であることが民間人保護を正当化する根拠とは、本質的に同じである。責任の概念においては、その人物が戦争遂行に責任を負っているか否かにより、民間人として保護的地位が保障されるか否かが決まる、ということが示唆されている。つまり、直接的に敵対行為に参加することにより戦闘員としての地位が規定され、また同じように、直接的に敵対行為に参加していないことにより民間人としての保護的地位が規定されると考えられる。ここで用いられている基準は軍事活動に直接関与しているか否かであり、その基準は先に考察した一九七七年ジュネーヴ条約第一追加議定書第五一条における「敵対活動に直接的参加をしていない」という民間人を規定する基準と軌を一にしている。

「責任」の概念を巡る問題を要約するならば、この概念は、ある程度まで民間人の地位を性格付け、その保護を正当化する根拠となりうるが、先に考察した道徳的に無実であることや無害なことといった概念に必ずしも勝るものではないと言えよう。

四 権利

国際法的な枠組みにおいては、民間人が保護される権利が国際人道法において保障されている点において、「権利(right)」は民間人の保護を規定する本質的な概念であると考えられる。敵対活動に直接参加する権利は、民間人を兵士やほかの戦闘員と区別するのに決定的な役割を果たす概念である。つまり、戦闘員は敵対活動に直接参加する権利を持つが、民間人は、群民蜂起(levée en masse)を除いて敵対活動に直接参加する権利を持たない。このように、法的枠組みにおいては、敵対活動に直接参加していない民間人は保護される権利を持ち、紛争当事者には民間人を保護する義務が課せられるということが読み取れよう。

それでは、なぜ、権利という概念が民間人の地位を性格付け、その保護を正当化する根拠となるのであろうか。マイケル・ウォルツァーは、兵士であることは戦闘員としての権利と捕まった場合に捕虜として扱われる権利とを獲得することを意味するが、同時に、敵に攻撃されて死ぬ可能性があるという点において自由と生命の権利を喪失することをも意味すると論じている。[11] また、ウォルツァーは、それとは逆に、民間人は自由と生命の権利を維持し、たとえ正当な目的であっても軍事目的のための利用はできないと論じている。[12]

以上の議論から、権利の概念は民間人の保護的地位を性格付け、その保護を正当化する根拠となる概念として適切なものであると考えられるかもしれない。しかしながら、権利の概念は、民間人保護にかかわる本質的な問題である、戦争遂行に多大な貢献をしている民間人の問題に対しては多くを語らない。先に言及した、マーフィーが例示したドレスデン在住の八〇歳の民間人、無害な民間人を殺傷する戦闘行為を祝福する聖職者、そして「英雄的」元兵士の例を今一度、権利の概念から再考してみるならば、彼らは皆、ひょっとしたら徴兵された平和主義者の兵士よりも戦争遂行に多大な貢献をしているかもしれないにもかかわらず、直接的に敵対活動には参加していないという点において民間人として保護される権利を持つ。言い換えれば、権利の概念は、戦争遂行において多大な貢献をしている非戦闘員の保護と乳幼児の保護との間に何らの区別を認めない。* もし権利の概念に限界があるならば、この点であろう。

＊　この場合の保護は民間人としての一般的保護のことであり、子供に対してはさらに特別な保護がされるべきであり、そのことは一九七七年ジュネーヴ条約第一追加議定書第七八、七九条に反映されている。

以上、「権利」が民間人の保護的地位を性格付け、その保護を正当化する根拠となるかについて検討した。国際人道法的文脈においては権利の概念が民間人保護を正当化する根拠と考えることができると論じた。しかしながら、権利概念に問題があるとするならば、それは、敵対活動には直接的に参加していないものの戦争遂行には多大な貢献をしている非戦闘員に対し、ほかの民間人と同じような保護を賦与する点であるかもしれない。

五　人生の意味

これまで戦争倫理や正戦論ではほとんど取り上げられてこなかったが、民間人の保護的地位を性格付け、その保護を正当化する根拠となる概念として「人生の意味（the meaning of life）」が考えられる。バリー・パスキンズとマイケル・ドクリルは、非戦闘員を逆定義するために、戦闘員は「自己の人生に意味を付与する活動のうち、軍事的要因を持つ活動に従事する」とし、戦闘員と非戦闘員の区別は戦争において死ぬことの意味の違いに由来するとしている。[13]「戦闘性と殺害との内的連関により、戦闘員は戦争で死を有意義なものであると考える機会と選択肢を持っている。言い換えれば、殺されることによって自己の死に意味が与えられることが自らの戦闘員としての属性と行為に内在化している……しかしながら、戦争における非戦闘員の死は、そのような保障された意味を持たない。非戦闘員の死は無意味な出来事以上の何かであってもよいが、もしそうであるならば、戦争と自己の活動との関係によって非戦闘員の死が無意味な出来事以上になるのではなく、それ以外の理由によってである[14]」。

もし以上の議論された「人生の意味」――または「戦争において死ぬことの意味」――という概念を、これまで我々が考察してきた民間人の保護的地位の性格付けと、その保護の正当化という議論に援用するならば、民間人は戦争において死ぬことに意義や意味を見出さない、という点において、その保護的地位を性格付けられるだけではなく、その保護も正当化されることとなろう。なぜならば、戦闘員にはその属性と活動により戦争での死が意義あるものとして保障されている、もしくは少なくともそのように見なす機会と選択肢を持っているのに対して、民間人には戦争での死が、それ自体として意味を成すものではないからである。というのも、民間人にとって戦争で死ぬことは、その属性と活動から考えるに、意義のあるものとは考えにくいからである。

人生の意味という概念が民間人と戦闘員を区別することを示す例として、二〇〇一年九月一一日にアメリカで起きた航空機によるテロを考えてみよう。テロに使われた航空機に乗っていた人々は、人生の意味という概念を用いることによって、二種類の集団に分けることができるだろう。一つの集団はハイジャックをしたテロリストの集団、ひょっとしたらそれに加えてテロリストの動機や目的に共感する乗客および乗組員であり、もう一つの集団はそのほかの一般乗客および乗務員であると考えられよう。以上の分類はかなり粗雑であるかもしれないが、もし二つの集団に何らかの違いがあるとすれば、それはテロによって死ぬことの意味の違いにあると考えられよう。すなわち、前者の集団は、航空機をテロの手段として使用し、またテロ行為を成功させることを人生の目的として考えており、行為の結果として必然的に伴う死に何らかの意味を見出す機会と選択肢を持っていたと思われる。一方で、後者の集団は、個人の意図や選好には関係なく、自己の人生計画とはまったく関係のないことに巻き込まれて命を落としたであろう点において、その悲劇的な死に何らかの意味を見出す機会と選択肢を与えられていたとは非常に考えにくい。

すでに検討したように敵対活動に直接参加していないことが民間人保護を正当化する根拠であるが、人生の意味という概念の重要な役割は武力紛争において民間人が保護される必要性を一層強調する点にあろう。保護的地位にある一部の民間人は戦争における自身の死を意義のあることとして考えているかもしれないが、そのことがすなわち彼らの保護的地位を剝奪するものではない。たしかに、人生の意味という概念から考えると、戦争における自身の死を意義のあるものとして考えている民間人は自らの死への展望に意味を見出している点において、おそらく戦争における死を無意味かつ無意義なものとして考えている大部分のほかの民間人と異なる。それでは、戦争における死に意義を見出す民間人を攻撃することは許されるのかというと、必ずしもそうではない。直接的に戦争活動に参加していない民間人である以上、ほかの一般の民間人と同じように保護的地位が保障されよう。なぜなら、戦争で死ぬことに意味を見出すかどうかを個々の民間人に確認することによって、攻撃の対象にするか否かの判断をすることは実質上不可能であり、また戦争で死ぬことに意味を見出す民間人だけを選別して攻撃することは不可能であるばかりか、民間人保護という国際人道法の前提を根底から突き崩すことになるからである。それ故、人生の意味の概念が提示するであろう最も重要な点は、民間人の大部分は武力紛争における自らの死に意味を見出さないであろうし、また見出す機会も選択肢も与えられていない、ということが明確にされることにある。

しかしながら、以上の議論には強い反対意見があるかもしれない。先に例示した、徴兵された平和主義者の兵士と、戦争を支持している民間人を再び取り上げてみよう。もしこの兵士が戦争に参加し、または戦闘で死ぬ覚悟ができていないとしたら、その理由は、戦争における自らの死を意義のあるものと思っていない点にあるからだとも考えられる。また、逆に、戦争を支持している民間人が戦争で死ぬことに抵抗を感じていないならば、その理由は、戦争で死ぬことを意味のある死と思っている点にあるからだとも考えられよう。実際のところは個人の思うところによるのであろうが、その兵士にとって、死の展望において意味を見出す機会と選択肢は、職業軍人と比べて、おそらく極端に狭いものであると想定するのは必ずしも間違っていないであろう。その意味で、全ての兵士が死の展望において人生の意味を見出しているわけではなく、そのため、人生の意味という概念が民間人のみに適用されるわけではないという議論が成り立つとも言えよう。

以上の人生の意味の妥当性に疑問を投げかける議論にはそれなりの説得力があるように思われるが、以下の点を考えてみると、その議論の妥当性にこそ疑問が残る。つまり、徴兵された平和主義者の兵士は、軍人としての職業訓練や教育を受け、また軍務を経験していく過程において、兵士であることの自己存在や軍務を全うすることに人生の意味を見出し、戦争における死の展望においても意味のある死を見出すことができる機会が与えられているが、それに対して大多数の普通の民間人は軍人としての職業訓練や教育とは無縁であることが多く、死の展望に人生の意味を見出す機会や選択肢が与えられていない、と見ることもできるのだ。

いままで検討してきた無害であることや権利といった概念をまったく無視して、人生の意味という概念のみが民間人の保護的地位の性格を決定付け、その保護を正当化する根拠となると考えることは、たしかに非常に難しいかもしれない。しかしながら、戦争において例えば弾薬工場の労働者といった民間人を死傷させることが時として許されうる理由と、戦争における弾薬工場の労働者の死とほかの大部分の民間人の死とが異なることは、人生の意味という概念によって説明することができる。英国国防省版『武力紛争法の手引き（*The Manual of the Laws of Armed Conflict*）』のなかでは、合法的な軍事的標的への攻撃において民間人が偶発的に殺傷されることが法的に許されることがありうると述べられている。

> 弾薬工場で働いていることやほかにも戦争遂行を支援することは、そのような活動に従事している民間人を標的にすることを正当化するわけではない。しかしながら、弾薬工場は合法的な軍事的標的であり、そこで働く民間人は、彼ら自身が合法な軍事的標的ではないものの、それらの工場が軍事的標的になったときは危険を被る。[15]

『武力紛争法の手引き』は、民間人を巻き添えにすることがなぜ許されるかについては言及していないが、それについては人生の意味という概念から説明できるだろう。つまり、弾薬工場の労働者は――たとえ強制的に徴用されたとしても――労働者としての自己存在と役割の点においてほかの一般の民間人とは異なり、それらの労働者は攻撃により死傷する可能性があることを自覚することによって、戦争における自らの死の展望を意味あるものと見なすことができる機会と選択肢を得る可能性がほかの一般の民間人に比べて高いと考えられるからである。* 弾薬工場労働者の死への展望と実際の死の間にはかなり直接的な関係が見て取れるが、一般の民間人にとっては必ずしもそのような直接的な関係性が見て取れるとは言えないからである。

* たしかに、弾薬工場の労働者のなかには、強制的に家族から引き離され、労務につかされて、「こんなところで死にたくない。生きて故郷に帰りたい」と強く願う人々がいることも十分想像できる。しかし、ここでは必ずしも弾薬工場の労働者全員がそうであるとは論じていないことに注意されたい。少なくとも、そのような人々がいることを無視しているわけではない。強いて言えば、ここでの試みは境界領域の問題を「傾向」という角度からあぶりだすことにある。もし自由意志を持った合理的個人を人間観の前提とするならば、誤解を恐れずに言えば、もし強制的に家族から引き離され、労務につかされて、「こんなところで死にたくない。生きて故郷に帰りたい」と強く願うのであれば、なぜ脱走・スト・不服従等といった強制労務に服さない方法を取らないのかが問われてしかるべきである。そういった行動をしないということは、その状況を甘んじて受け入れないわけではないことを示唆するようにもとらえられる。しかし、そのような行動をすれば自分の命が危うくなるかもしれないという状況もまた想定できる。当然ながら、概念を明確かつ精緻に分析しカテゴリー化することは非常に難しい作業であり、議論を巻き起こす。それを承知のうえで、境界領域を巡る議論を喚起するために敢えてここではその問題に踏み込んだ。

これまでの議論を通して、人生の意味が民間人の保護的地位を決定的に性格付けるわけではないが、部分的に民間人保護の正当性の根拠となりえ、戦争における民間人保護の正当性を主張する立場をさらに強くするものであることが分かった。その理由は、戦闘員と比べて民間人は戦争における自らの死の展望を意味あるものと見なす機会と選択肢の点において限定されており、その結果として戦争における自らの死を意味あるものと見なすことが、戦闘員に比べてより困難であるからである。戦闘員と民間人との区別が人生の意味に完全に由来しているとは言えないが、民間人の特性を十分に性格付けるものと考えられる。

また、個々の民間人同士の間において、その保護的地位において違いがあること――つまり、ある民間人の保護的地位が、ほかの民間人の保護的地位に比べて優先的に重視されること――は、人生の意味という概念に由来すると論じた。なぜならば、人生の意味という概念から考えるに、最も優先的に保護されるべき民間人は戦争における自己の死という展望において何ら意義を見出さない民間人であり、その民間人の保護は、自らの死の展望に何らかの意義を見出す機会と選択肢を与えられている民間人の保護に先立つことになると考えられるからである。

まとめ

本章では、なぜ武力紛争において民間人が保護されなくてはならないのか、という問いを検討するために、民間人保護を正当化する根拠を探ってきた。そのために、民間人を保護されるべき集団として性格付け、また彼らの保護を正当化するための根拠となりうる五つの概念、すなわち、「道徳的に罪がないこと」、「無害であること」、「責任」、「権利」、「人生の意味」を検討した。これらの概念は、程度や適用範囲の差こそあれ、それぞれある程度まで民間人の保護的地位を性格付け、その保護を正当化する概念であることが分かった。このことは、逆に、それ自体が独立して、民間人の保護的地位を明確に性格付け、その保護を正当化する根拠となるような概念は存在しないかもしれないということを示唆する。

本章において強調されるべき点は、戦争倫理や正戦論において看過されてきた人生の意味という概念が民間人保護の正当性の根拠となりえ、また戦争における民間人保護の正当性を擁護するということである。その理由は、民間人は戦争における自らの死の展望を意味あるものと見なす機会と選択肢の点において限定されており、その結果として戦争における自らの死を意味あるものと見なすことが困難であることにある。この点において、人生の意味という概念は民間人保護を人道的とする有力な根拠の一つと考えられよう。

また、人生の意味という概念が民間人の保護を正当化しうるということと並んで強調されるべきことは、倫理的見地から考えるに、人生の意味という概念が、個々の民間人同士の間の保護的地位において差を認めることにある。この差が示すことは、ある種の民間人は軍事作戦において死傷しても問題が少ないということも考えられるかもしれない。しかしながら、これまでの議論を踏まえたうえで倫理面において強調されなければならないのは、最も優先的に保護されるべき民間人は戦争における自己の死という展望において何ら意義を見出さない民間人であり、その民間人の保護は、自らの死の展望に何らかの意義を見出す機会と選択肢を与えられている民間人の保護に優先する、という点である。また、そのような明らかに保護されなければならない民間人が存在するということ自体に、全ての民間人が総体として戦闘から守られねばならない根拠があると考えられる。

次章では、戦争倫理、民間人保護の倫理の文脈において主流として用いられている正戦論について批判的検討を行う。

第二章　正戦論における民間人保護——その建設的批判

はじめに

非の打ち所のない戦争は存在しなかったし、今後も存在しないだろう。クラウゼビッツが言うところの「戦争の霧(fog of war)」もまた、なくなることはないだろう。しかし、正戦の伝統は、軍事力に訴える者、強制的行為を遂行する者、そして強制的行為に抵抗する者に対して高い要求を課すことにより、ほんの少しだけでもその霧を取り払うための手助けをする。[1]

これは、アメリカを代表する現代正戦論者ジーン・ベスキ・エルシュテインが著書 ***Just War Against Terror***(二〇〇四年)で正戦論を評した言葉である。エルシュテインがブッシュ政権による二〇〇三年イラク戦争を支持したことは非常に有名である。彼女の挑発的な議論には賛否両論があるし、また十分に批判的検討がなされなければならない。しかしここでは、彼女がイラク戦争の正当性を主張するに当たって正戦論を用いたことに注目したい。なぜならば、これは現在の国際関係論における規範的議論において、正戦論が戦争の正当性を検討するための枠組みの一つとして用いられていることの証拠であり、また同時に正戦論の利用可能性を示唆しているように思われるからである。

しかしながら、正戦論を用いて戦争の正当性を総合的に論じるに当たっては、いくつかの複雑かつ困難な問題が存在する。その一つは、正戦論を用いて戦争の正当性を論じると、同じ戦争を対象としながらも、論者によって往々にして異なる倫理的判断に至る点である。例えば、マイケル・シーゲルは、正戦論を用いることによりイラク戦争の正当性に疑問を投げかけている。[2] 二つ目の問題として、同じ正戦論者においても、正戦論の枠組みの解釈や適用方法が個々の事例において異なることが挙げられる。例えば、エルシュテインは一九九一年第一次湾岸戦争について、正戦論において戦争の正・不正を判断する基準の一つ「正しい意図(right intention)」が満たされていないことを指摘し、その正当性に否定的な見解を示している。[3] さらに、三つ目の問題は、シーゲルが指摘するように、[4] 戦争を正当化する政治目的のために正戦論が利用される危険がある点であろう。

このような問題について、本章で包括的に検討することは困難である。そこで、ここでは民間人保護に論点を絞り、正戦論の枠組みにおいて民間人保護を巡る倫理的諸問題がどのように論じられているかを探求する。具体的には、民間人保護に関する正戦論の枠組みを批判的に検討することで、民間人保護に関する正戦論の射程と限界を明らかにしたい。

本章は三つの節に分かれている。第一節では、正戦論の枠組みにおける民間人保護にかかわる議論を把握するために、正戦論の定義と概念を考察し、また正戦論の枠組みにおける民間人保護の位置付けについて検討する。

第二節では、正戦論の枠組みが民間人保護に関してどの程度不十分であるかを探求するため、正戦論の枠組みにおいて民間人保護を巡る判断に用いられる基準つまり原則の不明瞭性を検討する。第三節では、第二節で明らかにした民間人保護に関する正戦論の限界が果たして克服できるかを探究するために、「回復的正義（restorative justice）」（修復的正義（reparatory justice）とも言う）の具体的な実現方法の一つである「補償（reparation/compensation）」について検討する。

一　正戦論の概観と民間人保護

本節では、正戦論の基本的な全体像を把握し、また正戦論が民間人保護に関連しているか否かを明確にするために、正戦論の概略を考察する。まず、様々な正戦論に関する考えを概観することにより、正戦論の定義を探求する。次に、いかに正戦論の枠組みが民間人保護と関連しているかを明確にするため、正戦論の枠組みにおける民間人保護について概説する。

一般的に正戦論を論じるに当たり、「正戦論とは何であるか」という問いが想定されよう。正戦論の定義や概念についての問いにはいくつかの答えが想定される。例えば、神学者のオリバー・オドノヴァンは、正戦論を「戦争の実践を急進的に矯正するための実践的な提案[5]」であるとし、また、「現在、現時点――つまり我々がいまこの場に存在している状況――において、いかに判断の実践にかかわっていくかという方法を学ぼうとする者に対して道徳的指針を提示する[6]」と説明している。正戦論史家のジェームズ・ターナー・ジョンソンは、正戦論は「宗教的、法的、軍事的、そして政治的言説に附帯した論理的思考の形態である[7]」と叙述している。同じように、エルシュテインも「戦争倫理に関する規範的原則と実践的な評価との複雑な化合物[8]」と論じている。国際関係学者のクリス・ブラウンは、戦争の道徳および倫理的側面を議論するための共通の道徳言語であると述べている。[9] また、政治学者であるテリー・ナーディンは、「戦争は道徳的に制約されるという多様な見方の総称[10]」として広く認識できる題材であるという提案をしている。このように正戦論が何かという問いに対しては多様な見方があり、その問いに対する回答は論者によって様々である。しかし、正戦論は、ある戦争が正しいか否か、またなぜある戦争が正しいかを考えるための倫理的枠組みである、という点において、彼らの間では大方の合意がなされていると考えることができよう。

それでは、以上に展開した基本的な正戦論の考え方および立場を踏まえたうえで、民間人保護の問題が正戦論のなかでどのように扱われているかを検討するため、民間人保護に関する正戦論の枠組みを考察する。一般的に、正戦論は、「戦争の正義(*jus ad bellum*)」と「戦争における正義(*jus in bello*)」との二つの領域に分けることができる。* 正戦論においては、民間人保護を巡る倫理的問題は「戦争における正義」の領域で扱われる。民間人保護を含む戦争における正しい行為を巡る倫理的問題は、「戦争における正義」の領域における二つの判断基準、すなわち「非戦闘員免除(noncombatant immunity)」または「区別/差別(distinction/discrimination)」の原則と「比例性(proportionality)」の原則によって規定されている。[11] 具体的には、非戦闘員免除(区別/差別)(以下、非戦闘員免除)の原則は民間人への直接攻撃を禁止し、比例性の原則は、軍事的な標的への攻撃はその攻撃が民間人に対して引き起す危害と比べて釣り合っていなければならないと規定する。[12] こうした、戦争における正義の原則に加えて、正戦論の枠組みにおいて民間人保護を巡る倫理的問題が論じられる際には、「二重効果(double effect)**」の原則が補完的に用いられることがある。それらの原則がどのように運用されるかについては、次節において詳細な検討を行う。

＊　近年になって第三の領域として「戦争後の正義（*jus post bellum*）」が論じられるようになったが、未だ一般的ではなく、また戦争後の正義は「戦争の正義」の基準にすでに含まれると考えることもできるため、ここではこれ以上立ち入らない。

＊＊　「Double Effect」は「二重結果」と訳されることが多いが、ここでは加藤尚武『戦争倫理学』（ちくま新書、二〇〇三年、七八頁）に従い、「二重効果」とした。

二　正戦論と民間人保護の原則

本節では、正戦論において民間人保護がどのように論じられるのかを検討するため、「戦争における正義」の枠組みにおいて民間人保護を巡る倫理的問題を論じる際に用いられる原則について考察する。まず、非戦闘員免除と比例性の原則を検討することを通して、その運用の柔軟な解釈と適用がもたらす限界を指摘する。次に、二重効果の原則が民間人保護を巡る倫理的問題についてどのように機能するかを考察する。

1　非戦闘員免除

非戦闘員免除の原則は、非戦闘員への直接攻撃の禁止を規定しているが、軍事作戦において付随的に非戦闘員に危害を及ぼすことは禁止していない。非戦闘員への付随する危害について言及しているのは次項で検討する比例性の原則であり、この原則によれば攻撃によって予期される軍事的利点がその攻撃による非戦闘員への危害に釣り合っている場合には、彼らへの付随的な危害は許容される。これら二つの原則が絡み合って非戦闘員への間接的攻撃の容認度合が定まる。そこで、ここでは、非戦闘員免除の原則における民間人保護の理由付けは、どの程度まで非戦闘員免除の原則が比例性の原則から独立していると考えられるか、という問いを立てて検討したい。

この問いについて、非戦闘員免除の原則は比例性の原則に従属的であると考える正戦論者もいる一方で、それとは逆に考える正戦論者もいる。*

* 例えば、非戦闘員免除の原則が比例性の原則により従属的であると考える正戦論者の代表として、リチャード・ハリーズを挙げることができ、前者の原則が後者からより独立していると考える正戦論者の代表としてウィリアム・オブライアンを挙げることができる。

一方で、戦争における正義の枠組みにおいて民間人保護について倫理的判断をするときに、結果の考慮よりも規律や原則の価値をより強調しがちである正戦論者は「規則重視主義正戦論者」と呼ぶことができよう。彼らは、たびたび無害な人々(つまり民間人)を殺すことは悪い、という考えを強調する。[13] 例えば、リチャード・ハリーズは、非戦闘員免除の原則が戦争においてかたくなに遵守されるべき規則であることを強調し、「敵側にいる無害な者は、味方側にいる無害な者と同じく保護される権利を持っており、味方側の無害な者を正当な根拠なしに殺害することは殺人であるのと同様に、敵側の無害な者を正当な根拠なしに殺害することもまた同じように殺人である」[14]と論じている。

ただし、規律や原則を重視する正戦論者全てが民間人に危害を加えることについて絶対的な禁止を唱えているわけではない。民間人への危害が、意図されていない結果として付随的に起き、また危害の程度が攻撃によりもたらされた軍事的利益と釣り合っていると考えられる場合、すなわち、比例性の原則が満たされる場合には、許容されうると考える規則重視主義正戦論者も多い。ジョンソンはこの立場を、結果における「より少ない悪

（lesser evil）」を引き合いに出して、「戦争において対峙する恐ろしい出来事や行為は、あらゆる局面における悪と、ほかの相対的な悪との優先順位を巡る関係性において認識されなければならない悪とに分けられねばならない。この区別がなされたとき、戦争においてある悪に対して激しい憤りを覚えるかもしれないが、さらなる悪を避ける、もしくは統制するため、その悪を道徳的に受け入れるかもしれない[15]」と正当化している。

しかし、この規律や原則を重視する立場では、非戦闘員免除の原則は比例性の原則との関連が高いと見なされている。この見地は、正戦論における非戦闘員免除という考えは非戦闘員に危害を加えるおそれのある特定の戦闘や攻撃を正当化することに第一義的な目的があるのではなく、そのような戦闘や攻撃を抑制および禁止することにあるという考えに基づいている。例えば、シドニー・ベイリーは、「正戦論は許容ではなく抑制と禁止によって成り立っている[16]」と論じている。また、ハリーズも、「正戦の目的は無害なものを保護することにあり、軍事作戦を正当化することが第一義ではない[17]」と論じている。

規律や原則より結果の価値をより強調する「結果重視主義正戦論者」もいる。* 結果を重視する正戦論者は、結果に照らし合わせて考慮することで非戦闘員免除の原則を規則重視主義正戦論者よりも柔軟に適用する傾向が見受けられる。例えば、ウィリアム・オブライアンは「道徳的な、区別の正戦原則は、戦闘行為への絶対的な制限でない[18]」と論じている。彼はその理由として、「区別の原則は〔カトリック〕教会により積極的に唱道されたものではなく、教会が継続的に認められてきた自己防衛の権利を受け入れるとき、区別の原則は暗黙のうちに却下される。自己防衛の権利と区別という絶対的原則は必ずしも両立しない[19]」ことを挙げている。この議論の延長線上に、オブライアンは、「区別〔の原則〕は、戦争においてどのように区別の原則が実践されているかについての解釈に照らし合わせて考慮することにより、最も良く理解され、最も効率的に適用される」と提言している[20]。このような結果重視主義的立場においては、非戦闘員免除の原則は比例性の原則への依存度が低いと考えられることが暗に読み取れよう。

＊ 例えば、オブライアンやデービッド・フィッシャーが挙げられよう。

つまり、付随的な危害に対する非戦闘員免除の原則を巡る二つの見方の差——規律や原則を重視する見方は非戦闘員免除の原則とともに比例性の原則を受け入れており、結果重視の見方は非戦闘員免除の原則の適用範囲を狭めようとする——が示唆することは、この原則が柔軟に解釈され適用される可能性を持っているということである。加えて、解釈および適用面の柔軟性が正戦論の枠組みにおける民間人保護についての曖昧性を生じさせることが懸念される。正戦論における非戦闘員免除の原則の曖昧性のために、正戦論が民間人保護とは必ずしも相容れない政治的、軍事的アジェンダに利用されうるとしたら、民間人を保護する枠組みとしての正戦論は、実際においてその機能を十分に果たすことは望めないだろう。

2 比例性

戦争における正義の枠組みに関する比例性の原則をここでもう一度要約するならば、軍事上の標的に対する攻撃が計画されている、もしくは実際に遂行されるときには、予期される軍事的利点が攻撃によって引き起こされる民間人への「付随的被害(collateral damage)」に対して釣り合ったものでなくてはならない、ということを規定している。この原則は、民間人保護に関する倫理的判断をするに当たって、結果の価値を考慮することを正戦論の枠組みに組み込むものである。

比例性の原則の問題点は、非戦闘員免除の原則と同じく、解釈および適用が柔軟になされうることに起因する曖昧性にある。問題の原因は、比例性の原則においては攻撃による民間人への付随的被害は軍事的利点に釣り合っていなくてはならないという漠然とした規定にある。解釈や適用において柔軟性が高いこと自体は、必ずしも比例性の原則が問題であることを意味するものではない。しかしながら、釣り合っていることを示す具体的な程度や規模についての基準を提示していない点に、比例性の原則における曖昧性が表れている。ベイリーは比例性の原則の性質について、「〔釣り合いが取れているという判断は〕必然的に主観テストであり、軍事司令官による困難な決断を必要とするものであり、また決断に至るに当たっては冷静なデカルト的計算が必要である」[21]と論じている。この意味において、釣り合いが取れているという費用便益計算における均衡点は、比例性の原則を利用する者の解釈と適用に左右されると言えよう。この特性は、民間人への被害の規模と程度における許容性に関して広範な解釈を可能にするだけではなく、民間人に危害を及ぼすことを許容する程度に関して恣意的な判断をもたらすおそれがある。

以上の結果に加えて、釣り合いを巡る解釈における比例性の原則の曖昧さは、この原則の運用の恣意的な操作が介入するという可能性を孕んでいる。事実、主観的判断に基づくという特性に起因する比例性の原則における曖昧性の問題は、軍事作戦において民間人に危害を及ぼすことを正当化するための政治的動機に基づいた利用という点で深刻な懸念を呼び起す。釣り合いの判断は利用者に左右されるため、そのような政治的操作は起りうるおそれがある。実際、比例性の原則は、政治的、軍事的な目的のために利用される危険がある。アンソニー・コーテスは、「比例性の原則を誇張して、また無批判に適用することは一般的に見受けられる」[22]と指摘している。

比例性の原則の政治的、軍事的操作の問題を浮き彫りにするため、正戦論における比例性の原則とほぼ同一内容をもつ国際人道法における比例性の原則を例に取って考察してみよう。その理由は、もし正戦論における比例性の原則が実際の戦争や戦闘行為の正当化に用いられた場合、国際法における比例性の原則と同じ問題に直面するからである。国際赤十字委員会による一九七七年ジュネーヴ条約追加議定書の注釈書（*Commentary*）によると、国際人道法における比例性の原則は「ある程度まで主観的評価に基づいている[23]」とされている。比例性の原則を主観に基づいて実施するということの考え方は、少なくとも法律解釈という文脈においては問題が少ないだろう。なぜなら、国際人道法の条項は適切に解釈され適用されるという前提があるからである。条項の適用についての国際人道法の立場は、注釈書における比例性の原則の解釈に表れている。注釈書は、「〔比例性の原則の〕解釈は、軍事司令官達にとってとりわけ常識と善意の問題でなくてはならないし、彼らは慎重に人道的利益と軍事的利益を比較判断しなくてはならない[24]」と謳っている。

国際人道法におけるこうした規定は、果たして比例性の原則が民間人保護のために善意に基づいて解釈・適用されるか否か、という問いを投げかける。軍事作戦の偶発的結果として生じる民間人への危害のことを婉曲に表現した「付随的被害」について考えてみよう。軍の弁明者は、民間人保護に最大限の注意を払っていると論じる場合がある。例えば、英国国防省報道官はイラク戦争における民間人死傷者に関して、「紛争中においては、民間人死傷者を最小限にするために多大な努力をしていた[25]」という声明を出している。しかしながら、大規模な戦闘が行われた期間（二〇〇三年三〜五月）において数千人のイラク民間人が連合軍側により殺されたとされる[26]。果たして、この規模の民間人死者が比例性の原則を根拠として正当化されるか否かは議論されるべき点であり、また実際に善意に基づいて比例性の原則が用いられたのか否かについても検証されるべきだろう。事実として、二〇〇五年一一月にイラク中部ハディタで起きた米海兵隊によるイラク民間人殺害事件[27]を始めとして、米軍による民間人殺害に関する事件が複数伝えられている。

比例性についてまとめると、この原則は紛争における民間人死傷者の絶対数と全死傷者に対する相対比率を制限するための原則と理解されるのが適切であるが、具体的な値や基準が提示されていないため、その解釈や適用が広範に亘る。また、解釈および適用における柔軟性は比例性の原則を曖昧なものにし、結果として政治的、軍事的な目的のために利用される危険がある。つまり、比例性の原則の問題点は、容易に濫用されてしまう危険性にあると考えられよう。

３　二重効果

本項では、果たして正戦論が民間人保護のための適切な枠組みであるか否かの議論をさらに深めるため、正戦論において民間人保護を実現するためにしばしば用いられる二重効果の原則について検討する。

二重効果の原則は、戦争における正義の枠組みを構成する二つの原則(非戦闘員免除の原則、比例性の原則)とともに、民間人死傷者が伴う戦闘行為を規制するために用いられる。二重効果の原則にはいくつかの派生形があるが、最も権威のあるものの一つにポール・ラムゼイによる定義が挙げられる。ラムゼイは、「ある行為のもたらす悪しき結果に対して責任を負わないために[28]」全て同時に満たす必要のある二重効果の四つの条件を提示している。それら四つの条件とは、①行為自体がその内容および目的において善きこと、もしくは少なくとも許容できることでなければならない、②悪しき効果ではなく善き効果が意図されていなければならない、③善き効果は悪しき効果を用いることによってもたらされてはならないが、双方の効果は(少なくとも)道徳に抵触しない行為によって同時に発生するものでなければならない、④善き効果においては、悪しき効果を許容するに相応の重要な理由がなくてはならない[29]、というものである。

二重効果の原則は、すでに検討した二つの原則（非戦闘員免除の原則および比例性の原則）とともに、ある条件下において民間人に危害を加えることを正当化するために使用される。正当化の理由付けは三つの段階に分けることができる。最初に、非戦闘員免除の原則は、民間人が危害を受けてはならないことを規定する。この段階においては、民間人に危害を加えることはいかなる状況であっても悪いことであり、また許容されえない。次に、二重効果の原則は差し当たり、民間人への危害（悪しき効果）が軍事的目標物の無力化を意図した正当な攻撃（善き効果）によって付随的に生じたという条件下においては、民間人への危害が許容されると規定する。この段階においては、もし民間人への危害を許容するに相応の重要な理由があるならば、民間人へ付随的に危害を加えることは悪しきことではあるが許容されうると考えられる。最後に、比例性の原則が、民間人に危害を与えることを許容するに相応の重要な理由として、民間人への付随的な危害は軍事的利点と釣り合っていることを要求する。すなわち二重効果の原則は、前述した二つの原則とともに用いられることにより、民間人の被害が軍事的利点と理にかなって釣り合っていなければ、たとえ民間人の被害が付随的であっても許容されるものではないことを規定する。

二重効果の原則は様々な正戦論者によって民間人保護のための有効な枠組みであると考えられている。[30] 往々にして二重効果の原則の支持者は、「正当化されえない場合において人間の生命を奪うことは悪しきことであるという道徳的確信」を持っており、また「年齢・性別・肉体的状態・知的能力といった人間の共通の特性は殺すことの正当化の根拠となりえない[31]」という前提に立っている。しかしながら、戦争において人間に危害が及ぶことはほぼ不可避的であり、攻撃から保護されているはずの民間人が多数犠牲となっている。この現実を踏まえるに、前述の立場にある正戦論者にとっては、どのような条件下において人間の生命を奪うことが正当化されうるのかを考慮するための倫理的指針が必要となるだろう。二重効果の原則は民間人に危害を及ぼすことをある条件下において許容するという点において、正戦論者はこの基準を民間人に危害を及ぼすことを正当化するための最も有効な手段の一つと見なすだろう。デービッド・フィッシャーは、「二重効果の原則は、現代の正戦論者にとって、非戦闘員免除に与えられた絶対的な地位についての妥協なき厳密さを和らげることを可能にした[32]」と論じている。二重効果の原則を戦争における正義の枠組みに取り込むことにより、罪のない者は殺されてはならないと考える正戦論者は、罪のない者を殺害することの絶対的禁止という規定と実際の戦争において彼らが殺害されているという事実とのジレンマを避けることができる。トニー・コーディーもまた、「正戦論者が予期される悪しき副次的効果と行為において求められる善きこととが釣り合わなければならないと主張するのは、悪しきことが起りうる可能性と危険とを考えてのことである[33]」と二重効果の原則を支持している。

以上に見てきた肯定的評価とは逆に、民間人保護に関する二重効果の原則の問題点は実際においてどのように使用されるかという点にある、と主張する論者もいる。言い換えれば、果たしてこの二重効果の原則が民間人保護という目的のために適切に使用されるかどうかあやしい、ということである。つまり、この原則は恣意的に操作して使用されうるために、誤用や濫用の危険性があるのである。特に、二重効果の原則が判断に用いられる際には、解釈のみならず適用が使用者の意のままになりがちであることが指摘されている。デーヴィッド・オダーバーグは、「二重効果の原則の適用には、使用者の心理状態についての証拠の収集と解釈とを必要とする[34]」と警告している。この警告は、二重効果の原則は、政治的、軍事的目的のための恣意的操作の可能性、もしくは少なくともその危険性があることを示唆している。

二重効果の原則が柔軟に解釈・適用できるという事実はいくつかの問題を提示する。そのうちの一つは、二重効果の原則が使用者によって柔軟に解釈・適用できることに起因する曖昧性の問題が挙げられる。二重効果の原則によると、軍事目標物への意図的な直接攻撃は、その攻撃によって付随的に引き起される民間人への被害が予期される軍事的利益と釣り合っている場合に許容される。二重効果の原則における論点は、どの程度ならば釣り合いが取れていると考えられるかという判断が、二重効果の原則を使用する者の解釈と適用とに左右されるということであろう。もし解釈および適用において柔軟であることに起因する曖昧性が二重効果の原則における問題であるならば、最も懸念されることの一つに「滑り易い坂(Slippery Slope)」という問題点が指摘できよう。つまり、攻撃を行うには民間人への危害という悪しき効果を許容するに相応の重要な理由――軍事目標物による脅威を除去する必要性など――が必要とされるが、だんだんと理由の重要性が軽んじられ、坂を滑り落ちるように攻撃を正当化するに足る限界値が下げられるおそれがある。すなわち、一度、意図的ではないが予見できる民間人への危害が二重効果の原則によって許容されたら、次回にはその限界が下がり、より容易に許容されてしまうという可能性を指摘できよう。そして、結果として民間人に危害を及ぼす攻撃が奨励されるのみならず、それが釣り合いという名の下における慣行となってしまう可能性がある。

加えて、二重効果の原則の曖昧性という問題は、民間人への危害を制限するという正戦論の精神とは、正反対の考えが導き出される可能性も含んでいる。なぜならば、二重効果の原則は適用の際の使い勝手が非常によい。そのため、この原則は、民間人を保護することではなく、民間人への危害を正当化することを主眼として使用されるおそれがあるのだ。例えば、オブライアンは、「もし差別(非戦闘員免除)の原則が非戦闘員保護の最大化を命ずる相対的な原則であるならば、非軍事的目標物に損害を与えることが避けえない意図であることを認め、それ故に差別の原則にある程度までの違反が予見されながらも、軍事的目標物の無力化が主な意図である行為を説明するために二重効果の原則を利用することは可能に思われる」*と論じている。このような二重効果の原則の解釈は再検討の必要があろう。なぜならば、二重効果の原則において最も重要な点は意図的に悪行を為すことの禁止にあると考えられるからである。オブライアンの議論が示唆しているのは、二重効果の原則は柔軟な適用が可能であるということであり、そこに、民間人への意図的な直接攻撃の禁止という正戦論における民間人保護の根本的前提と相反する考え方が入り込む余地があることを提示している。

＊ William V. O'Brien, *The Conduct of Just and Limited War* (New York: Praeger, 1981), p. 47. リーガンは非戦闘員免除の原則は相対的なものであるというオブライアンの議論を支持したうえで、「伝統的な形態の区別の原則とオブライアンのそれとの違いは、主に用語法の差である」と論じている(Richard J. Regan, *Just War: Principles and Cases* (Washinton D.C.: Catholic University of America Press, 1996, p. 93)。

要約すると、二重効果の原則の利点は民間人への危害を制限することにあり、この特性は正戦論の精神と通じている。しかし、この原則が民間人保護の目的のために適用されるか否かは、主としてその原則の使用者によって左右される。二重効果の原則の問題点は、これが誤用・濫用される(またはその危険がある)ことにあろう。すなわち、この原則には、正戦論の根本的前提である民間人保護とは相容れない政治的、軍事的目的を推進するための道具として利用される可能性があるのである。

三　回復的正義としての補償

本節においては、正戦論の枠組みにおける民間人保護の限界について検討するために、軍事作戦によって引き起された民間人の被害に対する補償の問題について議論する。初めに、正戦論が民間人保護のための枠組みとして不十分であることを示すために、民間人犠牲者への補償が正戦論の枠組みに組み込まれていないことを指摘する。次に、民間人犠牲者への補償という概念を正戦論に盛り込むことによって、正戦論に欠けている正義の問題を改善することができるか否かについて議論するために、戦争に関連する補償を巡る法律を検討する。最後に、果たして補償の概念を盛り込むことによって民間人犠牲者が被る不正の問題は解決できるか否かを議論するため、盛り込んだ際の結果について批判的検討を行う。

最初に、民間人保護における正戦論の限界について検討する。民間人保護における正戦論の限界は、正戦論には民間人犠牲者への「回復的正義（restorative justice）」という概念が欠落している点にある。こうした考慮の欠如は、正戦論の枠組みでは軍事的目標物への攻撃の結果として生じた民間人の被害に対する補償についてまったく論じられていないことに見てとることができる。この民間人への危害の考慮の欠落は、正戦論において特に問題となる。なぜならば、民間人犠牲者補償の問題を看過することは、正戦論が民間人犠牲者の補償を受ける権利を否定していると解釈できるからである。この点において、民間人保護を倫理的に正当化する枠組みとしての正戦論の限界があると考えられよう。

次に、補償に関する戦争関連法規を援用することにより、果たして民間人保護を巡る正戦論の限界を改善できるか否かを考察したい。民間人の被害への補償については、ある紛争当事国による不法行為によって生じた被害や損害に対して当事国が補償の責任を負うこと、つまり補償の法的義務が課せられることが国際人道法で定められている。一九七七年ジュネーヴ条約第一追加議定書第九一条によると、ジュネーヴ条約および議定書の条項に違反した紛争当事国は、案件が求められる場合において補償する責任を負うことが定められている。また、この法規は慣習法的観点からもほとんどの国家によって慣行とされており、それは「国際および非国際武力紛争に適用される国際慣習法の規範として」履行されている。[35] また、国内法の枠組みにも補償の問題は組み込まれている。例えば、英国国防省による『武力紛争法の手引き（*The Manual of the Law of Armed Conflict*）』では、補償について以下のように記述されている。

国際的な不法行為に責を負う国家に、その行為によって生じた傷害・損害に対して完全補償をする義務が課されるということは、国際法原理である。この原理は、国家がその軍隊を構成する人員によって犯された法律違反に責任を負い、訴訟の求めるところにより、補償する法的責任を負うという点において、武力紛争法にも及ぶ。[36]

当然ながら、民間人を殺害または迫害する行為は国際人道法違反であり、不法行為への法的責任を負うものである。この点において国際人道法や軍内規において補償という形での復旧の義務が課されている。実際、英軍は二〇〇三年イラク占領中、身柄拘束中に英軍兵士により不法に殺害されたイラク人ホテル受付係バハ・ムサの家族に対し、金銭による補償を提案したと伝えられている。[37] また、二〇〇五年バスラにおいて、自国軍兵士を救出するために、英軍が地元警察署に強行突入した際に発生したイラク民間人の死傷者に対して、英政府が補償をするという声明が、在イラク英国領事館およびバスラ地方議会より出された。[38] このように、民間人犠牲者への補償が実施される場合には、金銭的補償という形で行われることが多い。

たしかに、不法行為の結果としての民間人への危害に対して補償を規定する点において、国際人道法は戦争における正義の枠組みの第三の原則として補償の原則の青写真を提示するものと考えられる。しかし、国際人道法の限界は、付随的に発生した民間人への危害に対する補償の規定がなされていない点にある。つまり、軍事的目標物への攻撃が正当と見なされる場合には、その攻撃の結果として付随的に引き起された民間人への危害に対して紛争当事者は法的責任を負わない。言い換えれば、国際人道法の枠組みにおいては、攻撃による民間人の付随的被害が軍事的利益に釣り合っている場合、紛争当事者は民間人への補償を免除される。この議論を敷衍すると、国際人道法においては、正当と見なされる攻撃において被害を受けた民間人には不正の是正や正義の修復の主張が保障されていないということになる。実際には、民間人犠牲者やその家族にはせいぜい稀に謝罪や弔辞を供されるだけに止まるというおそれがある。この点に国際人道法を正戦論における民間人保護に援用する限界があると考えられる。

さて、それでは国際人道法における補償の概念が正戦論を改善するための着想とその限界とを踏まえたうえで、正戦論の枠組みに加えられたと仮定して、「補償の原則（principle of reparation）」について検討してみよう。既存の枠組みに補償の原則を組み込むに際して懸念されることは、（非戦闘員免除、比例性、二重効果の原則のように）補償の原則もまた柔軟に適用されるのではないかという点である。濫用に関する最悪の筋書きは、政治・軍事上層部により、補償さえすれば民間人に危害を加えることは正当化されるという言い訳として利用されることである。補償の原則が、民間人に被害を及ぼす軍事行動を正当化するための道具として、政治的に利用されるという最悪の筋書きを避けるためには、良心と善意を持って運用される必要があるだろう。

たしかに政治的に利用される危険はあるものの、補償の原則は、民間人への不正——具体的には非戦闘員免除の原則の違反——を少なくとも部分的には緩和させるという点において、国家による正義の主張に貢献するものと考えられる。民間人犠牲者への補償という考えは、伝統的にも現代の正戦論においてもその枠組みのなかに見出すことはできないが、必ずしも組み込むことができないということを意味するわけではない。逆に、補償の原則は戦時下における最も有効かつ現実的な民間人犠牲者への救済策の一つであり、民間人犠牲者だけではなく政策決定者や軍人に対しても恩恵をもたらすことになろう。なぜなら、戦争において不正を犯した国家が誠実に補償を実施するならば、それは、その国家の過ちと責任に対する非難を緩和させる能力と可能性を秘めているからである。

正戦論の基準を完全に満たす戦争はほとんど存在しえないにもかかわらず、国家はときとして民間人死傷者を伴う軍事力を行使せざるをえない状況に追い込まれることがあるという事実を認識するならば、民間人犠牲者への補償を実施することは非常に重要なことだろう。多くの紛争において明らかなように、戦闘員による民間人の殺害といった不正行為は起りうる。正戦論においては、そのような民間人への不正行為が必ずしも無条件に全体的な戦争の正義を否定するわけではないと考えられよう。しかしながら、そのような不法行為が許容されるわけではない。何らかの修復的方策が取られない限り、不正行為は非難され続け、その非難は緩和されることがないだろう。この意味において、民間人犠牲者への補償が望まれるのみならず必要とされるだろう。まさに、補償に具体化されるような回復的正義の概念に基づく何らかの施策は、国家による軍事力行使の正当性および戦争における正義の実践という主張を支えるために必要である。また、それ以上に重要なことは、補償を実施することが不正行為によって苦しめられた犠牲者にとって必要であるということであろう。

本節では、正戦論の枠組みにおける民間人保護の限界を示すため、民間人犠牲者への補償に関して批判的に検討した。正戦論の限界は、民間人犠牲者への回復的正義を看過している点にある。また、回復的正義の具体的なあり方の一つとしての補償の概念を組み込むことにより、正戦論の限界を改善することかできるか否かを検討した。結論としては、改善のための方策が必ずしも正戦論の問題を完全に解決するわけではない。その理由は、回復的正義の概念が補償の原則として正戦論の枠組みに組み込まれた場合、補償の原則は政治・軍事目的のために恣意的に操作されたり濫用される可能性を否定できない点にある。

まとめ

本章においては、正戦論の枠組みにおいて民間人に危害を加えることの禁止、抑制、および正当化がどのようになされているかに注目し、正戦論による民間人保護の視野と限界について建設的な批判を行った。第一節では、民間人正戦論の定義および概念と、またどのように正戦論が民間人保護と関連しているかについて検討し、民間人保護保護を巡る倫理的問題は「戦争における正義」において取り上げられていることを指摘した。第二節では、正戦論の枠組みにおいて民間人保護にかかわる三つの原則に焦点を当て、民間人保護がどのように行われるかについて批判的検討を行った。この議論を通して、民間人保護における正戦論の主な問題点は、民間人保護のために用いられる原則——比例性の原則と二重効果の原則——の曖昧性にあり、その曖昧性は原則が柔軟に解釈および適用できることから生じることを示した。また、比例性の原則、および二重効果の原則の曖昧さが政治・軍事目的の恣意的操作や濫用を許すおそれを持っているという問題も指摘した。第三節では、正戦論の枠組みにおいて回復的正義にかかわる議論がなされていない点に、民間人保護における正戦論の限界があることを批判的に検討した。また、民間人犠牲者への補償という概念を組み込まない限り、正戦論は民間人保護の倫理的枠組みとしてまったく不十分であり、さらに、もし補償が正戦論の原則として組み込まれたとしても、慎重な適用がなされない限り、政治・軍事目的のために恣意的な操作や濫用が行われるおそれがあると指摘した。

本章において最も強調されるべき点は、以下の五点にまとめられる。①正戦論は柔軟に解釈・適用でき、このことは悪い意味で曖昧さを提示する。②正戦論における民間人保護の枠組みも例外ではなく、柔軟に解釈・適用でき、また曖昧さを含むが故に、容易に政治・軍事目的に利用されるおそれがある。③民間人保護において正戦論に欠落しているのは民間人犠牲者への回復的正義の考慮であり、この点において正戦論の限界がある。④回復的正義の概念を正戦論に組み込むことによって、正戦論における民間人犠牲者の問題は多少なりとも緩和されることが見込まれるが故に、正戦論の限界を克服するためには補償の原則を採用することが推奨される。⑤しかしながら、一旦補償の原則が正戦論に組み込まれたら、その原則はすでに②で指摘したように、柔軟に解釈・適用されえ、また曖昧さを含むが故に容易に政治・軍事目的に利用されるおそれがある。

さて、ここまでの議論から、正戦論は民間人保護には使えない、もしくは逆に民間人の殺傷を正当化するための政治的道具に過ぎないという印象を受けたかもしれない。たしかに、これらの点を指摘して正戦論は使えない枠組みであると切り捨てることは可能である。しかし、必ずしも正戦論が民間人を殺傷することを常に正当化するわけではない。一部の政策決定者や正戦論者が、正戦論を政治目的のために利用することで軍事力による民間人の殺傷を正当化しているというのがより正確であり、また正戦論に関する問題の核心であると考えられる。

最後に、正戦論の建設的批判という文脈において民間人保護における正戦論を肯定的に評価するならば、正戦論は民間人保護のための規範的議論のための枠組みとして有効に利用することができるということが挙げられよう。もし正戦論が戦争の禁止と抑制という本来の精神に則り、良心と善意とに基づいて運用される場合、正戦論は民間人保護のための枠組みとして有効に機能することが見込まれよう。なぜならば、民間人の殺傷を正当化することが正戦論の第一義ではなく、それを禁止・制限することにより民間人の保護を指示・推進することにこそ正戦論の本義があるからである。

第三章　民間人保護はレトリックか？――イスラエル・パレスチナ紛争を例として

はじめに

本章の目的は、イスラエル・パレスチナ紛争の事例研究を通して、民間人保護を根拠とした軍事作戦を巡る言説を分析することで、いかに民間人に危害を加えることが正当化されてきたかを示し、また、そのような正当化は倫理的に正当化されうるかという問題について検討することにある。[*] つまり、表層としての言説、実相としての実践、それらの深層にある概念および論理構成という三つの次元の整合性および乖離性を探ることにより、民間人に危害を加えることを倫理的に正当化することが困難であることをあぶり出していく。具体的には、第二次インティファーダ期（二〇〇一～〇五年）において最も紛争が激化した時期（二〇〇二～〇三年）を中心に、いかにイスラエル国防軍（Israel Defence Forces）とパレスチナ武装勢力の紛争当事者双方によって、民間人保護が軍事作戦を正当化するための根拠としてのみならず、彼らに危害を加えることの言い訳として用いられたかを検証する。以下、自衛および国家安全保障、先制および予防、処罰および報復、「人間の盾(human shields)」という、それぞれの概念について順を追って見ていくことにより、イスラエル・パレスチナ紛争において民間人保護がレトリックであるか否か、また民間人に危害を加えることの正当性について検討していく。

＊ よって、本章の目的は民間人保護の法的正当性を探求することにはない。しかし、本章中では民間人保護の倫理的正当性を議論していくためのたたき台として必要に応じて国際人道法に言及していく。

一　自衛および国家安全保障——保護対象となる民間人の範囲

本節では、自衛および国家安全保障を巡る言説において、いかに民間人保護が行われているかについて検討することにより、実際に保護対象となっている民間人の範囲をあぶり出していく。自衛は軍事力行使の正当な理由として広く認められており、国連憲章第五一条には国家の「内在的な権利(inherent right)」とされている。あるイスラエル政府関係者は、「もし攻撃を受けた場合、イスラエルは自衛権を保持している[1]」と明言している。実際、ほとんどの国家やその他の政治的共同体は敵の攻撃から自らの構成員を保護することを重要な第一義的責任と見なしているために、自国の民間人保護を自衛の一部として考えていることが多いように見受けられる。自衛の一部としての民間人保護の実践パターンは国際的慣習や慣行に見てとれるだけではなく、国家機関による公式声明にも表れている。例えば、イギリス在住ユダヤ人社会の宗教上の首長であるラビ首ジョナサン・サックス(Jonathan Sacks)は、ヨルダン川西岸占領地域におけるパレスチナ人に対するイスラエル国防軍の行為を批判したが、彼のコメントに対して在英イスラエル大使館は、「〔イスラエルは〕ユダヤ人国家としての存在のため、また自国市民の保護のため戦わざるをえない状況に追い込まれているのである」[2]と、軍事作戦を正当化する声明を発表している。この反論には、「ユダヤ人国家の破壊」[3]を公式に標榜するパレスチナ武装勢力に対する軍事作戦を自衛戦争と定義付けることによって正当化しようとする意図が読み取れよう。もう一つ例を挙げるならば、二〇〇二年三月の占領地域における軍事作戦を擁護するために、イスラエル国防軍は「「イスラエル市民、都市、国家」を保護するための防衛作戦[4]」として軍事作戦を位置付けることにより、その正当性を主張した。これらの声明はイスラエルが民間人保護を自衛の一部と見なしていることを示しているように考えられる。さらに重要なことは、これらイスラエル当局による声明が、民間人保護の範囲がイスラエル市民に限定されていることを示している点にある。

以上に展開した自衛にかかわる議論と同じ枠組みにおいて、民間人保護が国家安全保障の一部として正当化されてきた。つまり、国家が自国住民の保護を国家安全保障の一部と考える場合、民間人保護を名目とした軍事作戦正当化の根拠として国家安全保障に頻繁に言及することがある。この点において、パレスチナ武装勢力によるイスラエル民間人への攻撃に対して、イスラエル政府が安全保障の権利を主張することは道理にかなっていると考えられよう。イスラエル国防軍報道官は、軍事作戦を自爆攻撃に対する安全保障上の措置と位置付け、イスラエル国防軍は「イスラエル民間人と兵士の安全を確保するためにはいつでもどこにおいても作戦を展開し続ける[5]」という声明によって、イスラエル人の保護がイスラエルの国家義務であることを明言している。また、国家が安全保障権を有するという見方は、他の国家によっても支持されている。例えば、当時のイギリス外務大臣であったジャック・ストロー(Jack Straw)は、二〇〇二年の労働党大会での演説において、パレスチナ武装勢力による自爆攻撃を非難して、「罪のない民間人への自爆攻撃が想像を超えるほど悲惨な日常の脅威であり続ける限り」実現できないが、「イスラエルには安全保障を享受する権利がある」[6]と述べている。また、イスラエル政府報道官ドー・ゴールド(Dore Gold)は、パレスチナ武装勢力によるイスラエル人入植者への攻撃について言及し、「〔パレスチナ武装勢力からの攻撃に対して〕イスラエルは自国の民間人を保護するために必要な措置は講じる」[7]と、政府の立場を明確にしている。

しかし、問題の核心は、民間人保護を名目にした自衛や国家安全保障という根拠に基づいて行われる軍事作戦が必ずしも戦闘地域における民間人保護に結び付かないということにある。また、保護対象となる民間人が自陣営の民間人にのみ限定されていることである。もし軍事作戦が不均衡な程の多大な危害を戦闘地域の住民に及ぼすものであるとしたら、民間人保護がより深刻に憂慮されよう。民間人保護は自衛の一部として軍事力行使をするための合理的根拠たりうるが、ここにおいて問題になるのは保護対象となる民間人は誰かという点である。一般的には、自衛の主体は国家であり、対象はその構成員であると認識されている。もしこの認識が戦闘地域における自国民の保護が他国民や敵方の民間人の保護に優先するという国家の考え方を暗示するならば、自衛を根拠にした軍事行動の倫理的正当性には疑念が生じる。当時のパレスチナ自治政府大統領ヤセル・アラファト(Yasser Arafat)は、伝えられるところによると、占領地域における武装ユダヤ人入植者に対する攻撃を「自衛行為」[8]と呼んだとされている。このような当事者双方に共通した攻撃正当化のパターンが示しているのは以下の二点である。第一に、民間人保護を自衛の一部として位置付け、それを根拠にした軍事力行使の正当化においては、保護の対象が自陣営の民間人に限定されていること。第二に、敵対陣営の民間人に危害を与える軍事行動は、自陣営の民間人保護を根拠とした自衛や国家安全保障の名目により正当化されてきたということ。

本節では、紛争当事者は民間人保護を自衛や国家安全保障の根拠とすることにより軍事行動の正当性を主張しているが、それらの軍事作戦が必ずしも民間人保護に結び付いていないということを論じた。また、その理由として、紛争当事者が保護の対象となる民間人の範囲を自陣営の民間人に限定してきたことにあると論じた。次節においては、民間人に危害を加える軍事作戦の正当化の試みについてさらに検討を加えるために、先制および予防を吟味する。

二　先制および予防——結果主義的正当化の限界

先制および予防的軍事行動は予想される攻撃を未然に排除または回避するものであり、自衛や安全保障の軍事作戦として正当化されている。この問題を考えるにあたり、同時に九名の子供の死者と少なくとも一四〇名以上の負傷者を出した、二〇〇二年七月二二日のイスラエル国防軍の空爆によるハマス幹部サラ・シェハデ(Salah Shehadeh)に対する「標的殺害(targeted killing)」を事例[9]として検討する。この攻撃は、イスラエル国防軍の声明によると、「過去二年に亘りイスラエル兵士および民間人に対する数百のテロ攻撃[10]」の黒幕であるシェハデを狙ったものであるとされている。

この攻撃には、将来シェハデによって行われる可能性のある攻撃を未然に防ぐための先制措置という理由によって正当化されるという考え方があろう。先制を根拠とする攻撃の正当化は、「我々は単純に報復や懲罰として彼を標的にしたのではない。先制的作戦として行ったのである[11]」という匿名のイスラエル国防軍幹部将校のコメントに表れている。つまり、シェハデを無力化することにより、彼の指揮統制下で将来起るであろうイスラエル民間人死傷者の発生を未然に防ぐことに成功したという点において、先制攻撃の正当性が示唆されている。軍事的観点から見ると、シェハデの標的殺害は他の匿名のイスラエル国防軍将校の言葉を借りるに「純粋に先制的」[12]であると考えられていた。その理由は、シェハデは「イスラエルに対してひょっとすると未曾有の規模でのテロ攻撃を計画していた」とされることにある。それは、当時の国防大臣ビンヤミン・ベンイリーザー(Binyamin Ben-Eliezer)の言葉を用いるならば「メガ・テロ攻撃」[14]——例えば「国家を震撼させ数百名を殺害する目的で一トンの爆薬を積んだトラック」[13]を使うといったような——であっただろうというコメントにも読み取ることができよう。しかし、注目されるべき点は、シェハデを標的にした攻撃により、九名の死者と百数十名の負傷者が発生したことである。

それでは、シェハデ「暗殺」は将来の民間人犠牲者を未然に防ぐという名目によって正当化されるだろうか。先制攻撃の倫理を考えるために、しばしイスラエル・パレスチナ問題を離れて、一般化して考えてみよう。先制を根拠とする攻撃の正当性を考えるためには、行為の正・不正は行った(であろう)行為の結果と行わなかった(であろう)行為の結果とを比較検討することによって判断されるという結果主義的な判断基準[15]を考えてみることが有益であろう。果たして民間人に危害を加えるような先制・予防的軍事行動を正当化することができるか否かがシェハデ暗殺爆撃にかかわる民間人保護を巡る問題の核心であるならば、結果主義的立場から正当化する考え方を明確にするために、この事件の核心を考察するのに十分に有益と考えられる仮説命題を考えてみよう。ジョナサン・グラヴァーは、ヒトラーを暗殺するために彼が入院している病院を爆撃することがナチスによって将来引き起こされる残虐行為を防ぐための唯一の手段であるとしたら、そのような先制・予防的軍事行動は正当化されるであろうか、という問題を提示している。[16] もしヒトラー暗殺を狙った攻撃が行われたとしたら、暗殺の成功・失敗にかかわらず、数十人が死亡し、さらに多数の負傷者が出る可能性がある。結果主義の見地によると、①

「戦争を終結させるためのヒトラー暗殺攻撃の成功によって期待される結果」の価値が、②「病院を爆撃せず（つまりヒトラーを暗殺せず）ナチスに戦争遂行させておくことによって期待される結果」の価値を上回る場合にのみ、病院に居る民間人に危害を加える懸念は副次的であると考えられよう。病院を攻撃することで民間人に危害を加えることは、もしその攻撃によってヒトラー暗殺が成功して休戦に至れば、結果的に連合国側だけではなく枢軸国側においてもより多くの人命を救い、またそれ以上の破壊を避けることができたであろうという点においてのみ、結果主義的に正当化できる根拠を見出すことができよう。

もし、先制・予防的措置を根拠として民間人を犠牲とする攻撃を正当化する結果主義的立場をとる場合、注意すべき点は、いかにして将来の出来事が確実性を担保するかということと、また果たして不確実性というリスクを負うことができるのかということにある。結果主義的な理由により民間人への危害を正当化することに対する倫理的懸念としては、将来を予測計算する点における結果主義的方法論の複雑性という点が挙げられよう。つまり、上記における例においては、成功（ヒトラーの暗殺）とその直接の因果的結果（戦争の早期終結による被害の最小化）とが議論の前提となっている。もし将来の出来事が確実であるならば、さらなる被害を避けるという理由において、ある程度民間人が犠牲となるような軍事作戦は正当化される、ということに同意できよう。しかし、ここで強調されるべき点は将来の不確実性とそのリスクであろう。

すでになされた先制攻撃を結果主義的立場から正当化できるかどうかを検討するためには、実際の攻撃後の歴史的に実証可能な事実を考慮することが有益であろう。次節において詳細に検討するが、シェハデ暗殺はパレスチナ系武装勢力の一つであるハマスによるイスラエル民間人へのさらなる攻撃を防止することにはならなかった。それどころか、ハマス指導部の言説からは、シェハデの暗殺こそがイスラエルに対する報復攻撃の引き金となったという主張を読み取ることができる。大規模な民間人死傷者を出したシェハデに対する攻撃がそれ以降におけるイスラエル民間人への攻撃を止めることができなかったという事実は、この攻撃が先制という根拠において正当化されるというイスラエル政府関係者の主張に矛盾を生じさせる。つまり、ハマスによるイスラエル民間人への攻撃を止めることができなかったという歴史的事実を踏まえるに、大規模な民間人への被害を引き起こしたシェハデ暗殺攻撃を先制または予防的措置という根拠において正当化できるとは考え難い。

三　懲罰・報復、占領への抵抗手段

本節では、民間人に危害を加えることの正当化(もしくは言い訳)についてさらに議論を進めていくために、懲罰・報復、占領への抵抗手段について吟味する。

イスラエル側においては、パレスチナ武装勢力による民間人保護違反に対して、懲罰や報復が軍事作戦の根拠とされ、それらの作戦はイスラエル民間人保護という理由によって正当化されてきた。このような軍事作戦の正当化は、民間人保護に違反した犯罪者に対する処罰や報復という理由から軍事行動を起こしてもよい、という考えに基づいて行われているように考えられる。事実、イスラエル政府関係者は、パレスチナ武装勢力の攻撃からイスラエル人を保護するために、懲罰としての軍事力の行使を支持する場合があった。例えば、当時の国民宗教党党首であり内閣安全保障会議のメンバーであったイフィ・イタム(Effi Eitham)は、「イスラエルが長年に亘って支配することになる地域を占領することにより、〔イスラエルへの〕全ての攻撃に対してパレスチナ自治政府に懲罰を与えるべきである」[17]と述べている。また、報復は軍事行動の根拠の一つとしてイスラエル政府関係者によって言及されることがあった。総理府官僚のデーヴィッド・ベーカー(David Baker)は、もしパレスチナ武装勢力がガザ地区におけるイスラエル国防軍による軍事行動への報復としてイスラエル市民を攻撃した場合、「誰もがそのようなテロを容認することを期待していないし、イスラエルは確実にそうであろう[18]」というイスラエルによる報復を示唆する声明を発表している。

前節で検討したシェハデ暗殺を懲罰・報復という観点から取り上げてみよう。シェハデ暗殺が懲罰や報復という根拠によって正当化されるとするならば、その理由は彼がイスラエル民間人に対する意図的もしくは無差別攻撃を首謀したという点にあると考えられよう。デーヴィッド・ラッジはシェハデを指して、「彼ほど強大で残忍な者はいない[19]」と評している。もしこの論評が正しいとするならば、シェハデ暗殺の軍事作戦は報復や懲罰といった根拠によって正当化されよう。しかしながら、シェハデを暗殺した攻撃が、近隣住民の間に数多くの死傷者を出したという点に注意を払う必要があろう。なぜならば、この軍事行動において死傷した民間人は懲罰が向けられる正当な対象ではないからである。シェハデ暗殺攻撃に際して、イスラエル政府がパレスチナの人々への「集合的懲罰(collective punishment)」を意図していたかについては議論の余地があるが、一般的に言えることは、もしイスラエル政府がパレスチナ民間人への集合的懲罰を容認したとすれば、それは取りも直さず、民間人と戦闘員の区別はなく、前者も正当な軍事的標的であるというパレスチナ武装勢力の言い分を認めることを意味し、イスラエルは同じ土俵に立つ宣言をしたことになる。

パレスチナ武装勢力側は、報復はイスラエルによる占領が引き起す圧政や迫害に対する抵抗として考える傾向が強かった。特に、報復は、イスラエル民間人に対する意図的もしくは無差別攻撃を行うパレスチナ武装勢力により、そのような軍事行動を行う根拠としてだけではなく、イスラエル民間人に危害を加えることを正当化するための手段として用いられた。このような民間人への攻撃を正当化する方法は、最低でも一つ（またはそれ以上）のパレスチナ武装グループの公式な政策であり、各武装グループの指導部によって支持され祝福されていた。例えば、当時のハマスの精神的指導者であったアフメド・ヤシン（Ahmed Yasin）は、パレスチナ武装勢力によるイスラエル民間人に対する攻撃は、目には目を、歯には歯をという報復的措置として行われているとし、「彼ら（イスラエル）がパレスチナ民間人に危害を加え傷つけるときは、彼らの民間人にも危害が加えられることになろう」[20]と述べた。同様に、ガザ地区のハマス報道官イスマイル・アブ・シャナブ（Ismail Abu Shanab）は「イスラエル社会における疲弊が過大になる点に至るまで（パレスチナ人は）喜んでその対価を払う」[21]という意味において、ハマスの軍事戦略を民間人の生命の消耗戦という文脈に置くことで、イスラエル民間人に対する攻撃における報復の側面を強調した。シャナブは「もしイスラエル人が我々の民間人を殺したら、彼らがこのゲームのルールを決めたことになると彼らに言っている。それは、目には目を、歯には歯を、である。これが方程式である」[22]という声明を出している。

それでは、果たして報復が民間人への無差別攻撃を正当化するか否かという問題を考えてみよう。民間人への直接または無差別攻撃は国際人道法において禁止されている。*その点において、二〇〇二年七月三一日に起きたハマスによるヘブライ大学構内での爆破攻撃について、ハマス幹部のアブデル・アル・ランティシ（Abdel al-Rantisi）が「軍事攻撃において殺された罪のない者に対してすまないと思う」[23]という声明を出したのは特筆に価する。しかしながら、この無差別攻撃はランティシ自身の言葉によると、「爆弾は明らかに占領に対して向けられたものである」[24]とされる。このような占領の抵抗のためという爆撃の正当化には疑問点が少なくない。なぜならば、死傷者の多くは大学関係者や学生であり、政府の占領政策には直接かかわっていないだろうと考えられる人々であったからである。報復や占領への抵抗手段として、民間人を意図的もしくは無差別に攻撃する軍事行動は正当化できないとするならば、ランティシの言葉は単にレトリックに過ぎないことがこの事件から読み取れよう。

＊　一九七七年ジュネーブ第一追加議定書第五一条六項。

報復を巡る問題をさらに掘り下げて検討するために、民間人への報復攻撃を時系列的に考察してみるのが有効であろう。イスラエル国防軍とパレスチナ武装勢力との双方による攻撃の応酬において、シェハデ暗殺はハマスがイスラエル民間人に対する攻撃を報復として明確に位置付ける契機となった点において、画期的な事件であった。シェハデ暗殺への反応として、ハマスはイスラエル領内における民間人に対し意図的もしくは無差別な報復攻撃を予告する声明を発表した。ランティシは「ハマスによる報復は非常に間近に迫っている。そして攻撃は一度では止まらないであろう……家のなかに居るイスラエル人でさえ、我々の作戦の標的になるだろう[25]」と述べた。彼の言葉は七月三一日のヘブライ大学構内での爆破事件によって現実のものになった。この攻撃により、七人の死者と数十人の負傷者が発生したとされている。[26]シェハデに対するイスラエルによる空爆と大学での爆破攻撃とに言及して、ヤシンは「イスラエルが女性や子供ばかりいる民間の建物を爆撃して一五人を殺害するなら、これ〔大学構内での爆破攻撃〕が彼らの期待すべきものだ[27]」と述べている。ハマス指導者のコメントに共鳴するように、ハマス指導部からも「この攻撃は、長期に亘り全てのイスラエル人に教えるための一連の反応の一部である[28]」という声明が出された。つまり、ここにおいて明らかなことは、民間人への攻撃がパレスチナ武装勢力の言説では報復という文脈において正当化されているということである。

以上の議論において懲罰や報復が民間人に危害を加えることを正当化する手段として使われていることを明確

にしたが、以下においては民間人への危害を正当化するもう一つの根拠として用いられる、「占領への抵抗手段」について検討する。パレスチナ武装勢力の言説では、イスラエル民間人に対する意図的もしくは無差別な自爆攻撃は、イスラエルによる不当な占領に対する抵抗のための正当な手段として語られている。ランティシは、パレスチナ側はイスラエル国防軍に対して軍事的に劣勢であるという点において、ハマスによる自爆攻撃を正当化している。「ハマスはそれらの戦術や抵抗のための手段〔イスラエル民間人への自爆攻撃〕を利用する。なぜなら、我々はF16〔戦闘機〕やアパッチ〔攻撃ヘリ〕や戦車やミサイルを欠いており、それ故に我々は持っている限りあらゆる手段を行使する……なぜなら、我々は占領下にあり、また脆弱だからである」[29]とランティシは主張している。ここで考えなくてはならないのは、果たしてイスラエル民間人への意図的もしくは無差別な攻撃が、占領に対する抵抗手段として正当化されうるか否かという問題であろう。少なくとも表面的には、パレスチナ武装勢力の声明はイスラエル占領下にある民間人の保護を掲げているように考えられよう。しかし、本件にのみ限って言えば、保護される民間人の範囲はパレスチナ民間人に限られており、ちょうどイスラエル政府による民間人保護がイスラエル民間人のみの保護を意味するのと同じように、パレスチナ武装勢力による民間人保護の文脈においてイスラエル民間人の保護はほとんど考えられていないことに注目すべきであろう。

本節においては、民間人に危害を加える軍事作戦が、果たして懲罰・報復、占領への抵抗手段といった根拠によって正当化されるか否かという問題を検討してきた。本節での議論を通して、そのような軍事作戦はしばしば意図的もしくは無差別に民間人が標的となっているか、または民間人に度を越えた不必要な危害を及ぼすという点において、懲罰・報復、占領への抵抗手段といった根拠によっては正当化されないことが明らかになった。

四　人間の盾

「人間の盾」は、ダニエル・ショームケースによると、「その存在が、ある対象や地域を攻撃から保護するような非戦闘員[30]」と定義できよう。実例としては攻撃目標の同胞や施設を非戦闘員が身を挺して盾となって護ることや、非戦闘員を砲火への盾として利用するなどがある。ショームケースは人間の盾を、「自発的な人間の盾(voluntary human shield)」、「強要された人間の盾(involuntary human shield)」、「近接した人間の盾(proximity human shield)」の三つに分類している。[31]以下では、果たして人間の盾が民間人に危害を加えることの正当化(もしくは言い訳)となるか否かを検討するために、人間の盾が民間人に危害を加えることの正当化手段として使われている言説を吟味する。人間の盾を巡る複雑な倫理的問題を明確にするため、ショームケースの三つの分類に従って考察を進めることにしたい。

まず「自発的な人間の盾」について考察する。イスラエル・パレスチナ紛争の文脈において、自発的な人間の盾は、ある民間人がほかの民間人を保護するために自らを人間の盾として使用する状況・状態を指す。この種の人間の盾を巡る倫理的論点を明確にする事例として、イスラエル占領地域における「平和活動家(peace activists)」が挙げられる。ここでは、平和活動家がイスラエル国防軍によって死傷させられたいくつかの事件のうちの二つを検討する。一つは、二〇〇三年三月にアメリカ人平和活動家であるレイチェル・コリー(Rachel Corrie)が、イスラエル国防軍によるパレスチナ人の村の破壊を阻止する目的で、イスラエル国防軍のブルドーザーの前にひざまずいているところを轢き殺された事件[32]である。イスラエル国防軍はこの事件を正当化するために、彼女の死に対する責任を一切否定し、また彼女の行動を「非合法であり、無責任であり、危険である」とした報告書を発表した。[33] また、二つ目は、二〇〇三年四月、銃撃戦のなかからパレスチナ人の子供たちを救い出そうとしているときに、イスラエル国防軍兵士によって直接標的とされ銃撃されたトム・ハーンドール（Tom Hurndall）の事件[34]が挙げられる。この事例では、二〇〇五年八月にハーンドールを銃撃したとされる兵士に対し、軍事法廷で過失致死罪が言い渡された。[35]

この二つの事例が示しているのは、自発的な人間の盾となった平和活動家は、直接的もしくは間接的にイスラエル国防軍によって殺害されたということである。さらに重要なことは、平和活動家がイスラエル国防軍によって危害を加えられた事例と、戦闘員によって人間の盾として利用された結果として死傷した民間人の事例（後述）との間には、根本的な相違を見出すことができる点にある。その根本的な相違は、平和活動家は民間人を助けるために自発的に人間の盾となったのに対して、戦闘員により人間の盾として軍事目的のために利用された民間人は自らの意図していない、もしくは意思に反して人間の盾となった可能性がある、という点にある。平和活動家の死は嘆くべきことであり、彼らの勇気とパレスチナ民間人との連帯は賞賛に値する。しかし、ここで再び強調されるべき点は、平和活動家は自律的個人としての自由意志に基づいた判断および決定の結果として、人間の盾としての行動を自ら選択したという点において責任を負うということである。おそらく、彼らは人間の盾として行動することの危険とリスクをわきまえていたであろうし、我が身に致命的な結果を招く可能性をまったく考慮していなかったとは言えないだろう。この意味において、自発的な人間の盾の事例は、以下において検討する別の類型の人間の盾の事例と比べて倫理的な問題は少ないように考えられる。なぜなら、平和活動家は自己の身に降りかかった危害に対して、（部分的にではあるとしても）自己の自由意志に基づいた自発的行為から派生する責任があると考えられるからである。

それでは、もう一つの人間の盾の類型として、戦闘員が敵の攻撃から自らを保護するために民間人を人間の盾として利用する、「強要された人間の盾」について検討する。パレスチナ武装勢力に対する軍事行動において、イスラエル政府はパレスチナ民間人を人間の盾として使うことの違法性に一応の注意を払っているように見える。例えば、二〇〇四年四月二四日付の英紙『インディペンデント』において、「モハメド・ベドワンが「人間の盾」としてジープに縛り付けられていた」というキャプションとともに、パレスチナ人少年が警察車両のボンネットに縛られた写真が掲載された。[36] この事件についてイスラエル警察報道官ジル・クライマン (Gil Kleiman) は、「一般的な規則として、我々は喜んで民間人を物理的な危害にさらすことはしない。この件については正しくない手続きが行われたという一応の証拠があり、本件は法務省に引き継がれた[37]」というコメントを出した。この事件からはイスラエル政府がパレスチナ民間人を人間の盾として使用することを許容していないように見える。

表向きには、イスラエル国防軍は、パレスチナ民間人を人間の盾として軍事的に利用することを禁止する規範を遵守しているると主張しているが、その主張とは裏腹に、イスラエル国防軍が幾度となく民間人を人間の盾として利用してきたという事実が伝えられている。アムネスティの報告書によると、イスラエル国防軍は「軍事作戦において難民キャンプの住居建物を捜索する際に成人男性を徴用していた[38]」とされている。イスラエル国防軍兵士は、「地雷の有無を調べるために、または居住者を退去させるために建物のなかに入らせ」ること、「道路から疑わしげな物を取り除かせ」たり、「自陣営の軍事拠点にした建物のなかに立たせ」ること、「銃撃から身を護るため自分たちの前を歩かせ」ることを、パレスチナ民間人に強制していたと伝えられている。[39] そのような例の一つとしては、防弾チョッキを与えられハマス戦闘員が潜んでいる建物に入るよう向かわされたパレスチナ民間人が、建物の敷地に近づいているときに射殺された事件[40]が挙げられる。アムネスティの報告書では、イスラエル国防軍によって人間の盾として利用されたフェイサル・アブ・サリヤ(Faisal Abu Sariya)の証言を引用している。

イスラエル兵士により自宅から連行された私は、ほかの家に独りで行き、ドアをノックするように言われた。言われたとおりにしたが、家のなかからの反応はなかった。兵士は戻ってくるよう私に言った。イスラエル兵士が担いでいる金属の箱が見えた。彼らはその箱をドアの所に持って行った。それから爆発音が聞こえた。私は再び先程の家に戻ってなかに入り、もしその家のなかに誰かが居たら彼らに対して一つの部屋に行くように伝えるよう、イスラエル兵に言われた。戻ってみると、もう一つのドアがあった。ノックをしたが反応はなかった。兵士はこのドアも爆破した。このとき、兵士は犬を家のなかに入れた。私は再び家に入って、もし閉まっているドアを見つけたら開けるよう言われた。兵士は私の後から入ってきた……兵士は家中を捜索し、この家の地階で、隣の家との壁に穴を空けた。私は最初に穴を通るよう言われた。六、七人の兵士が私の後に続いた。そこからさらにほかの家に連れて行かれた……この家を離れるとき、イータンという名の将校は私の首をつかみ、私の腰の右側に機関銃を構えた。このようにして二〇メートル位歩いた[41]……。

この報告書によると、サリヤはその後もう一つの建物を調べるよう言われ、その建物に近づこうと道路を横切ったとき、イスラエル国防軍のほかの部隊の兵士により足を銃撃されたという。

このような民間人を人間の盾として使用する方法はイスラエル側の言葉でしばしば「隣人の手順(neighbour procedure)」と呼ばれる。[42]それはイスラエル国防軍がパレスチナ武装勢力への攻撃を開始する前に、パレスチナ民間人を伝令や投降交渉の仲介として利用していることを意味する。たしかに、武装勢力に投降するよう説得するために地元の同胞を使者として使うことは、有効かつ効率的であると考えられよう。しかしながら、ここで考慮されるべきは、軍事目的のために民間人が、往々にして自らの意思に反して強制的に、時として物理的な弾除けという意味での人間の盾として利用されていることであろう。

最後に、「近接した人間の盾」について考察する。この種の人間の盾の実例としては、パレスチナ武装勢力が自己防衛のために戦闘員をパレスチナ民間人の間に紛れ込ませることによって、イスラエルによる攻撃に対して同胞の民間人を人間の盾として利用するという状況などが想定されよう。イスラエル側はシェハデの暗殺に際しては、「残念なことに、これはテロリストが民間人を人間の盾として、彼らの家々を逃げ場として利用したときに起ることである」[43]という声明を発表した。この声明にはパレスチナ民間人に被害が出たのは、シェハデ自身が難民キャンプにいることで民間人を人間の盾として利用したせいだ、というシェハデへの非難が含まれている。

もしパレスチナ武装勢力がイスラエルからの攻撃を妨ぐために、同胞である民間人を人間の盾として利用していることが事実であるとするならば、パレスチナ武装勢力が戦争法や慣習としての民間人保護の義務を放棄したという理由で、民間人に危害を加えたイスラエル側の責任は減じると考えられる。[44]『エルサレム・ポスト』紙の社説は、パレスチナ武装勢力が人間の盾を不当な戦術として使用した結果として生じる民間人犠牲者に躊躇することのないよう、イスラエル政府の政策を擁護する論陣を張っている。そこでは、「イスラエルは、我々の兵士の生命を必要以上に危険にさらすことなく、できるだけ外科手術的(surgical)に彼ら〔パレスチナ人戦闘員〕を殺害するか捕まえることを企図すべきであるが、〔彼らが〕民間人を「人間の盾」として計画的に利用しているからといって、それに阻まれるべきではない」と論じられている。[45] もしパレスチナ武装勢力が同胞の民間人を人間の盾として利用しているのであれば、彼らはその不法な行為について非難されるのが当然であり、また彼らを取り締まれないパレスチナ当局にも非があると考えられよう。しかしながら、たとえパレスチナ武装勢力が同胞の民間人を人間の盾として計画的に利用しており、またイスラエル国防軍の攻撃によるパレスチナ民間人への加害が付随的であったとしても、イスラエルによるパレスチナ武装勢力への軍事行動において、パレスチナ民間人に危害を加えることが自動的に正当化されるわけではないということは、これまでの議論から明らかであろう。

本節では、三つの「人間の盾」の類型を検討することにより、人間の盾が民間人保護において提示する倫理的問題について検討した。本節での検討を通して、第二の類型である「強要された人間の盾」と第三の類型である「近接した人間の盾」が、深刻な倫理的問題を提示することが明らかになった。具体的には、それら二つの類型は、人間の盾の軍事利用が正当化されるか否か、また人間の盾として軍事利用された民間人に危害を加えることが正当化されるか否かという問題を提起している。イスラエル国防軍は兵士を護るためにパレスチナ人を強制された人間の盾として利用し、それによってパレスチナ民間人に死傷者を出している一方で、パレスチナ武装勢力は自己防衛のために、パレスチナ民間人の間に紛れることにより彼らを「近接した人間の盾」として利用している。こうした実例は、人間の盾が民間人に危害を加えることを必ずしも倫理的に正当化しえないことを示している。

まとめ

本章では、第二次インティファーダ期において最も紛争が激化した時期におけるイスラエル・パレスチナ紛争を事例として、民間人保護を巡る軍事作戦を正当化する言説分析を行うことで、いかに民間人に危害を加えることが正当化されてきたかを示した。イスラエル国防軍とパレスチナ武装勢力という紛争当事者双方によって、民間人保護が軍事作戦を正当化するための方法としてのみならず、民間人に危害を加えることの言い訳のための手段としていかに用いられているかを具体的に検証することにより、民間人に危害を加える場合に用いられる、自衛および国家安全保障、先制および予防、処罰および報復、人間の盾という概念について検討した。そして、民間人に危害を加えることの正当化が倫理的に妥当なものではないことを明らかにした。一言で言うならば、イスラエル・パレスチナ紛争における民間人保護は単なるレトリックに過ぎない。

これまでの議論から、民間人保護の実践にかかわる暫定的な結論として以下の三点を挙げることができよう。第一に、イスラエル・パレスチナ両民間人ともに、それぞれパレスチナ武装勢力・イスラエル国防軍による無差別の、意図的もしくは不釣合いな攻撃に頻繁にさらされてきた理由は、イスラエル・パレスチナ紛争において民間人保護という概念がほとんど意味を持っていないからである。第二に、パレスチナ武装勢力はイスラエル民間人への攻撃を軍事目的としてしばしば公言しており、また往々にして意図的もしくは無差別にイスラエル民間人に対して攻撃を行ってきた。第三に、イスラエル国防軍は民間人保護を標榜しているものの――たしかにパレスチナ民間人への攻撃を公式な戦略として実施していない――戦闘地域に展開する兵士が戦場においてパレスチナ民間人保護を徹底して遵守しているとは言い難い事実が存在する。

最後の第三点目に関しては、今後のさらなる研究の方向性として、民間人保護に関するイスラエル国防軍の軍事倫理やプロフェッショナリズムにかかわる問題を提起することが考えられよう。事実、イスラエル国防軍の倫理綱領には「武器の純潔（Purity of Arms）」が掲げられており、非戦闘員への軍事的強制力行使の禁止が謳われている。[46] イスラエル・パレスチナ紛争における民間人保護に関して言えば、現代において倫理的に賞賛されうべき「武器の純潔」という理念と、戦闘での実践との整合性および乖離性に関する理論・実証研究をさらに進めることが今後の課題であろう。

第四章　戦争における正義・効用・民間人保護

はじめに

本章では、より有効かつ確実に民間人を保護する方法を探究するために、民間人保護を武力紛争における正しい行いとして論じる。

本章は六つの節に分かれている。第一節では、デービット・ヒューム的な観点に基づく人為的徳としての正義という概念を検討する。第二節では、民間人保護のための倫理的土台としての効用について検討する。第三節では、民間人保護の効用についての二つの解釈のうちの一つ目、紛争当事者間における互恵に基づく効用について検討する。第四節では、紛争当事者間の互恵に基づくという効用の解釈が、果たして実際に民間人保護につながるか否かについて批判的に検討する。第五節では、紛争当事者間の互恵に基づいているという効用の解釈の妥当性についてさらに検討する。第六節では、地球規模での民間人保護の効用という二つ目の解釈について検討する。

これらについて以下、順を追って議論を進める。

一　正義・人為的徳・効用

本節においては、民間人保護を紛争における正しい行いの一部として正当化する説明を探求するため、ヒュームの観点に依拠する「人為的徳(artificial virtue)」としての正義という概念について論じる。

民間人保護を武力紛争における正義の一部として理解する方法はおそらくほかにも様々あると思われ、プラトンやカントの哲学に見られるように複数の競合する正義論もある。それらを対比し、比較検討することを通じて正義のあり方を検討していくことは非常に重要なことである。だが、ここでは正義について考え、議論を深めていくための一つのアプローチとしてヒュームの正義論に注目し、人為的徳としての正義という概念について検討することにしたい。ヒューム的視点から民間人保護を戦争における正義として理解することを試みる理由は、人為的徳としての正義というヒュームの正義の理解が、民間人保護を戦争における正義として正当化するに当たり、これまで主流とされてきた正戦論とは異なったアプローチを提示する点にある。ヒュームの正義の概念は、民間人保護を戦争における正しい行いの一部として正当化することができる唯一の有効なアプローチではないかもしれないが、もしそれが民間人保護を戦争における正しい行いの一部として理解するために有効であり、また同時にこの理解がより確実な民間人保護につながることを明らかにできるならば、ヒューム的な正義の概念を用いることは妥当だと考えられるだろう。

ヒュームの見方によると、正義や正しい行為は道徳的認承のために社会的に構築され文脈化された人工物という意味において人為的徳であると考えられる。[1] 人為的徳としての正義という概念によると、正義を構築し維持するためのシステムは他人と共生していく過程で発展したものであり、結果として特定の「状況と必要性」[2] によって異なった形態となっている。この文脈において、ヒュームは正義を「人工物と考案を手段として快と賞賛を作り出す〔人為的な〕徳であり、人類の直面する状況と必要性に起因するものである」[3] と定義している。正義を人為的徳とするヒュームの理解は、正しい行為をしたり正義を賞賛したりするための動機付けが人間本性に内在的に備わっていないという考えに基づいている。なぜなら、ヒュームによると、狭窄な自己利益や「公益への配慮(regard to public interest)」や「私的な寛大さ(private generosity)」[4] といった本来人間に備わっている動機からは正しい行為をする動機付けが行われないからである。ヒュームによると、正義は財の不安定性と希少性に端を発する不便さの改善策として考案されたものである。[5] 人為的徳としての正義という概念が示しているのは、正義のシステムを構築しようとする元々の動機は、自らの所有物の安全と保護という自己利益と近親者に対する限定された寛大さを機に発するということである。[6]

本節では、人為的徳というヒュームの正義の理解について検討した。ヒュームの立場においては、正しい行為を行うことや正義を認承する動機が人間本性には元々備わっていない。この立場は正しい行為をする動機付けとなるものが存在し、また動機付けは正義の道徳的価値にあることを意味している。

二　民間人保護のための道徳的価値としての効用

もし正義を認承する動機が人間本性に内在的に備わっていないというヒューム的な見解に立つならば、何によって人々は人為的徳としての正義を認承するようになるのであろうかという問いを抱くかもしれない。ヒュームの視座においては、正義に基づくシステムが社会の個々の構成員および社会全体に効用を提供することを理由として、人々が正義を認承するという点で正義は効用に由来すると考えられ、この点において効用は正義に付与される道徳的価値であると理解できる。人々が正義の道徳的価値を効用に見出す理由を、ヒュームは社会心理学的に説明する。すなわち、人々は正義を保証するシステムを社会およびその構成員にとっての必要性と利便性から求めるとされる。「公共の効用（public utility）」[7]をもたらし、また社会にとって役立つから人々は正義を徳として認承するのである。ヒュームは、「社会を支えるための正義の必要性はその徳の唯一の基盤であり、その徳より道徳的長所としてさらに尊重されるものがほかにないことから、実用性という状況が一般的に最も強い力の源であり、最も完全に感情を統制する」[8]と言う。正義が人間の考案したものであるということは、社会の人々は正義のシステムが社会およびその構成員に効用をもたらすことを認識し理解する必要があり、また公益への配慮を持つことを学習しなくてはならないということを示唆する。[9]この理由に基づき、正義のシステムが構築されて初めて人々は「正義や不正義という考え」[10]を持つとヒュームは論じている。

同じように、武力紛争における正しい行いとして認識され理解される点において、民間人保護は戦争時における正義の一部として考えられよう。そうだとすると民間人保護における道徳的価値もまた、それが社会およびその構成員にもたらす効用にあると考えることができるだろう。この議論の流れがさらに示すのは、もし民間人保護が効用をもたらすならば民間人保護が正当化されるということである。

もし効用が民間人保護を正当化する道徳的価値として理解されるならば、効用に関する最も重要な関心事項の一つは、民間人保護の規則が効力を及ぼすと期待される範囲であろう。これはつまり、民間人保護の効用においいて誰までが関係者として勘定されるのかという問いとして言い換えることができよう。この民間人保護の範囲に関する問いに対して、少なくとも二つの異なった答えが考えられよう。一つは紛争当事者間の民間人保護の効用であり、もう一つは地球規模での民間人保護の効用である。

三　第一の範囲解釈——紛争当事者間の互恵としての効用

本節では、民間人保護の効用の範囲について二つの異なる解釈があるという前節の議論を踏まえたうえで、紛争当事者間における互恵という効用の範囲について検討する。

紛争当事者間における互恵という民間人保護の効用の解釈は、民間人保護を視野に入れている戦争法における効用の基礎として考えられることがある。例えば、リチャード・ブラントは、道徳的に正当化されうる戦争法とは「交戦国にとって予期されうる長期的な効用を最大化する」[11]ものであると論じている。ブラントの議論において注目すべきことは、「二つの国家が交戦している状況」[12]と効用の適用範囲を戦争当事者に限定している点である。ブラント的な考えの文脈では、交戦国にとっての効用が戦争法における効用の範囲とされる。

効用の利害関係者を紛争当事者に限定する議論においては、民間人保護の効用は相互利益を根拠として正当化されると考えられている。一方において、互恵に民間人保護の効用の根拠があると考える人々のなかには、ある国家は自国の民間人の保護に結び付かない限りにおいては交戦相手国の民間人の保護をことさら好んで行おうとはしないと考える人がいるかもしれない。他方において、ある国家は交戦相手国が互恵として自国の民間人を保護してくれるということを期待して、交戦相手国の民間人の保護を自発的に行うこともあろうと考える人がいるかも知れない。いずれにせよ、交戦相手国の民間人を保護する動機は相互利益の期待と計算に由来すると考えられよう。国家Aと国家Bとが交戦状態にあり、国家Aは国家Bに属する民間人の保護を遵守しており、また国家Bも同じように行っているとしよう。国家Aは交戦相手国である国家Bの民間人を直接的に保護することにより間接的に自国民を保護することができ、同じことが国家Bについても言える。この均衡状態は双方の交戦国が民間人保護を互恵として考えていることを共有している点において、民間人保護の効用は互恵の原則によって達成されたと考えることができよう。

民間人保護に関する効用が紛争当事者間の互恵という点において理解される理由は、正義が社会の個々の構成員間の相互利益のために構築されたという、ヒュームの考えによって説明することができよう。ヒュームによると、人々が自分自身および社会への関心・配慮から正義を実現し維持するための規則は、「人類の幸福と社会の存在にとって絶対的な前提条件[13]」であるとされる。

正義を実現・維持・回復するための規則における効用の考えは、戦争法についての議論においても見出すことができる。戦争法は「その国家の利点と効用を計算して作られたもの[14]」であるが故に、紛争当事国が戦争遂行に当たり役立つものでも利益をもたらすものでもないと判断したときに瓦解するとヒュームは論じている。この点に関して、ヒュームの視座において戦争法は紛争当事国間の互恵を根拠として正当化されると考えることができよう。

紛争当事国間における効用が民間人保護の正当化の根拠としてどのように機能するかについて議論を深めるためには、戦争法に関するヒュームの概念についてさらに踏み込んで検討する必要があると思われる。ジョン・マッキーの解釈によると、ヒュームが戦争法に期待したことは、「正義や国家間における純粋な平和を創出するのではなく、紛争を緩和させ、また戦争継続状態において戦闘が行われていない状態の継続の維持を容易にするという機能」[15]だとされる。もしこのマッキーの解釈が正しければ、戦争における悲劇や困難を緩和するための救済策という戦争法の特徴は、国際人道法の理念および目的と非常に類似しているように考えられる。なぜならば、双方とも、戦争を完全に放棄し、完全な軍縮や恒久平和を実現するというユートピア的な見方とは異なり、戦争はほぼ必然的に起るが、不必要な害悪は避けられるべきだという現実主義的な見方に基づいていると考えられるからである。

もし前述したヒュームの戦争法理解が正しいならば、国際人道法とヒュームの戦争法の概念の乖離にすぐ気付くだろう。すでに論じたようにヒュームの戦争法概念における効用は紛争当事者間の相互利益にのみ基づいているが、国際人道法は必ずしもそうではない。この違いは、戦争法を守らない「野蛮人」が戦争を仕掛けてきた場合、「文明国」は戦争法を放棄するというヒュームの記述において明らかである。ヒュームは「文明国」が戦争法を放棄する理由として、「野蛮人」が戦争法を守らない場合においてそれは何の目的にも沿わないからである[16]と論じている。この議論から明らかなことは、戦争法における効用は紛争当事者間における互恵によって支えられており、もし紛争当事国にとって戦争法を遵守することに相互利益が見込めない場合には、戦争法を遵守することに効用を見出さないというヒュームの戦争法の概念である[17]。

四　第一の範囲解釈の批判的検討

前節で展開した効用の範囲に関する第一の解釈を要約すると、もし戦争法における効用が紛争当事国間の相互利益だけから正当化されるとするならば、戦争法の一部である民間人保護を維持する動機は紛争当事者間の相互利益に基づくと理解できるとされる。この相互利益としての効用という枠組みでは、紛争当事者双方が民間人保護を同じように履行するという条件において、民間人保護は戦争法の一部として正当化される。しかしながら、果たして実際に第一の解釈が民間人保護に貢献するか否かを議論するためには、批判的検討を要する点が少なくとも二つある。一つは戦争法としての民間人保護の特性に関する点であり、もう一つはもし民間人保護の効用が瓦解したらどうなるかという点である。以上二点について順を追って議論していこう。

まず、第一点目、戦争法としての民間人保護の特性について考えてみよう。もし互恵によってのみ戦争法の効用がもたらされるという考えに従うならば、相互利益が期待できない場合には、戦争法の効用は減少すると考えられよう。しかし、この考え方は戦争法に関する一連の論点を過剰に単純化しているように思える。なぜならば、ある戦争法規は直接的に互恵に基づいているが、ほかの法規は必ずしもそうではないかもしれないからである。マッキーによると、ヒュームは外交特権、宣戦布告、毒を用いた武器の使用禁止等を戦争法の一部として念頭に置いていると指摘している。[18] これらの法規は戦力・戦闘員の保護を第一義的に念頭に置いていると思われる点において、どちらかというと直接的に互恵に基づいていると考えられよう。これらの法規と比べて、民間人保護は必ずしも戦力・戦闘員保護に結び付かない点において、より直接的ではないと考えることができよう。

ある特定の状況では、民間人保護と戦力・戦闘員保護は相互に悪影響を及ぼすことがある。例えば、軍事作戦が国外遠征という形で行われる場合、作戦地域において遠征軍側に属する民間人は通常存在しない。つまり、主に自国民救出が作戦目標になっている例外的な場合——一九七六年イスラエルによるウガンダのエンテベ空港人質救出作戦のような——を除き、遠征軍は自国の民間人保護を気にする必要がないということである。さらに、特に国連に委任された遠征軍の場合、軍事作戦の目的が現地の民間人保護であるにもかかわらず小規模であったり、また不十分な装備でしかなかったりする。このことを目立たせる具体的な例として、一九九五年七月のスレブレニッツァ虐殺が挙げられよう。当時、国連により安全地域の一つとして指定されたスレブレニッツァには、軽武装の四〇〇名のオランダ軍部隊が駐留していた。オランダ軍部隊は自らの戦力・戦闘員保護のためにボスニア系セルビア軍を迎え入れ、結果として数千人のボスニア系イスラム教徒の民間人が虐殺された。この例は、ヒューム的な戦争法概念が現代の状況に必ずしもうまく当てはまらないことを示しているだろう。

次に、第二点目、もし民間人保護の効用が喪失したらどうなるかを検討してみよう。紛争当事国間に相互利益をもたらすことから民間人保護の効用が正当化されると考える場合、民間人保護が紛争当事国間における相互利益をもたらさないとするならば、民間人保護の効用は失われることになる。これはすなわち、敵方においても同じように民間人を保護しないという理由で、紛争当事者は民間人保護の規則を遵守する義務から解放されうることを意味する。また、一方の交戦国が民間人保護の規則に違反した場合、もう一方の交戦国に報復という選択肢が与えられることも意味する。民間人保護の規則が完全に瓦解した例は戦争の歴史において枚挙に暇がない。例えば第二次世界大戦においては、日本軍による南京大虐殺、連合国軍によるドイツ・日本への無差別爆撃、そして原子爆弾の使用等が挙げられよう。民間人保護の規則の放棄により生ずるであろう最も深刻な問題の一つは、フレデリック・ヴァールの言葉を借りれば「野蛮への回帰（reversion to barbarism）」[19]、すなわち文明社会による文明性の自己否定である。つまり、これまでの議論において指摘されるべき点は、民間人保護の効用は紛争当事者間の互恵にのみ基づいていると考えるならば、ある一方の紛争当事者が民間人保護の規則を何らかの理由により守らなかった場合、民間人保護の効用が崩壊するということであろう。

五　互恵以外に効用を支持する要素

前節において展開した議論を再び要約すると、もし交戦国Aが互恵のみを理由として民間人保護を行っているとするならば、交戦相手国Bが民間人保護を行わない場合にAはBの民間人保護を放棄するということであった。この議論は、果たして民間人保護の効用が互恵にのみ基づいているのか否かという問いを提示するように思われる。民間人保護は交戦国間の互恵のみによって実行されているという見方は、現代の国際人道法の根本的な前提および実際の履行状態とは非常に異なっているように思える。すでに論じた「文明国(防御側)」は「野蛮な国(侵略側)」による侵略行為を罰するために戦争法に違反してもよいというヒュームの見方とは対照的に、国際人道法は紛争当事者に対して交戦相手が民間人保護をしていない場合でも相手側の民間人保護を法的義務として課す。また、互恵に基づかない民間人保護に関する法規も、少なくとも政府が文明的であると主張したい、もしくは見なされたい場合において、実際の紛争において履行されることがある。その事例として、フィリピンの反政府勢力(後述)を挙げることができる。

以上で指摘した、政府がしばしば互恵を超えた理由で交戦相手側に属する民間人の保護を行うという点は、正義のシステムの弾力性を示しているように思われる。例えば当局による土地の強制接収や冤罪者の死刑等、正義のシステムは時として不正をもたらすことがあるが、重要な点はそのような個々の不正の事例が必ずしも正義のシステムを完全な崩壊に導くわけではないということにある。ヒュームの観点においては、正義のシステム自体が全体的かつ一般的に個々人および社会に効用をもたらすと考えられる。[20]同様に、長期的な効用が正義のシステムの一部としての戦争法を正当化する根拠となる。[21] この議論は、正義のシステムが存在していることがまったく存在しないことに比べてより好ましく、また社会の構成員が正義のシステムのもたらす利点を認識し理解するようになるという考えに基づいている。[22] ヒュームの正義のシステムにおける効用についての説明からは、民間人保護が交戦国間における互恵に基づく効用に第一義的に基づいているのではなく、むしろほかの利害関係者を含んだ地球規模での効用に基づいていると考えられよう。この正義に関する理解は、民間人保護における効用の範囲は紛争当事国間に限られないということを意味するが、この点については次節で詳しく検討する。

もし民間人保護の効用が互恵にのみ基づいていないとするならば、おそらくその理由の一つは、互恵の原則は紛争当事国に民間人保護を遵守する（または遵守しない）という選択を提示するだけであり、また互恵の原則のみによって紛争当事国の行動が規定されるわけではないことに求められるだろう。政治的共同体が民間人保護を履行する決断をする場合、戦争における規則としての民間人保護の利点、および民間人保護を遵守することで獲得される政治的正統性や信頼性についての利害計算をするかもしれない。戦争における規則としての民間人保護を実行することによりその信頼性を保持することは、長期的に紛争当事者およびその構成員にとって有益である場合も想定され、そうした場合には、紛争当事国が民間人保護の有益性に気付く場合もあるだろう。

交戦相手が民間人保護を行っていないにもかかわらず、ある紛争当事国は民間人保護を実行していると仮定しよう。民間人保護を履行することにより、軍事行動に対して制限が課され、軍事的に最も効率的かつ効果的な強制力の行使を妨げ、短期的もしくはある特定の作戦においては戦術的もしくは戦略的な不利益に結び付く損害を被るかもしれない。しかしながら、この損害に対する代償として、その国は交戦相手国に対する道徳的に優位な立場を得るに止まらず、長期的な視野において道徳的および法的な影響力を得ることができる。国際人道法を遵守することにより、政府はおそらく統治政体および紛争当事者としての政治的正統性を主張することが可能となる。さらに、民間人保護を遵守することは、戦争法を守らない不当な武装勢力に対抗して戦っている道徳的な軍隊として自軍を位置付け、それによって国際世論に訴えるのみならず、様々な国際的圧力を動員する可能性をもたらしうる。政府が互恵的な民間人保護を放棄する選択をするか、もしくは一方的に民間人保護を続ける選択をするかという問いは、究極的には個々の特殊な状況によるかもしれない。しかし、ここにおいて強調されるべき点は、いずれの選択であれ、その全ての根拠は必ずしも短期的利益を見込んだ互恵にのみ基づいているわけではないということである。

以上の議論に加えて、民間人保護を戦争における一方的な抑制の一部として実施することは、民間人保護の効用が交戦国間の互恵にのみ基づいていないということを、理論および実践の面においてさらに説明するように思われる。一方的な抑制は、「自分の側において一方的な抑制を行うことによって規則を遵守する意欲を相手に伝える」[23]点において、戦争の規則や慣習を強固にするための建設的な方法であるとジョージ・マヴロデスは論じている。さらにマヴロデスは、「もし交戦相手が互恵的行動を取った場合、抑制の及ぶ分野がさらに拡大し、交戦国間においてある種の互いの尊敬や信頼が生まれ育つ」[24]と論じている。この考えは国際人道法の精神に通じるように思われる。例えば一九七七年ジュネーヴ条約第一追加議定書第九六条第三段落は、ある特定の条件下において、非国家紛争当事者が一九四九年ジュネーヴ条約および第一追加議定書を適用することを一方的に宣言できるとしている。[25]この一方的な適用宣言は非国家紛争当事者によって実践されている。例えばフィリピン民族民主戦線(NDFP)は一九九六年に一方的な適用宣言を行っている。[26]このことは必ずしもNDFPが民間人保護を遵守していることを意味するわけではないが、少なくとも紛争当事者が国際人道法を遵守することに何らかの利益を見出していることを示す例の一つとして考えられよう。

本節では、果たして効用が互恵のみに基づいているという考えが民間人を保護することに結び付くか否かについて検討した。これは効用が互恵に基づいているという考えから導き出される結論とは逆に、一方の交戦国が民間人保護を放棄したときでさえ、必ずしも他方が遵守を停止するとは限らないということを示している。また、互恵に基づく効用という概念から導き出される帰結とは逆に、紛争当事国が時として戦争法を一方的に遵守することに利益を見つけるということが分かった。つまり、効用の第一の解釈は必ずしも妥当性を持たないということが明らかになったのである。

六　第二の範囲解釈──地球規模での効用

前節では、紛争当事国間という範囲の効用について批判的検討を行ったが、本節では果たして民間人保護の効用の範囲を地球規模として解釈することが民間人保護の強化につながるか否かを議論するために、民間人保護の範囲に関する効用の第二の解釈である、地球規模での効用について検討していく。

効用の範囲について検討するには、誰にとって民間人保護が役に立ち、また有益であるかを考える必要がある。原則として、民間人保護が民間人にとって役立ち、また有益であることは明白である。それに加えて、民間人保護は政治・軍事・経済的理由において紛争当事国にとっても役立ち、また有益であると考えることができる。民間人保護を遵守することで、交戦国は戦争遂行に必要な軍事力や資源を節約することができる。加えて、民間人保護を遵守することにより交戦国は他国や人々から信用と信頼を勝ち取ることができ、そうして勝ちえた信用や信頼を軍事力行使の正当性を主張するために政治的に利用することできる。これらの軍事的資源と政治的影響力は現在の戦争を続けるために必要であるのみならず、将来起こりうる次の戦争への準備や効率的・効果的な戦後復興および持続可能な平和のために必要になると考えることができよう。

地球規模の効用という第二の範囲解釈においては、スタンリー・ホフマンの言葉に従うと、効用は「公益があるという確信[27]」と定義することができ、「ある規範を遵守することが短期的もしくは狭義の——言い換えれば自己中心的な——利益にならないとしても、またほかの行為者が遵守しないことがあったとしても、その規範を承認することを意味する[28]」とされ、その理由は「その規範が正しいか、または国際社会の共通の福祉と幸福にとって必要不可欠なものであると信じている[29]」ことにあるとされる。もし地球規模の公益という定義に従うならば、民間人保護はその一部として理解することができるだろう。このように効用を理解することは、民間人保護の効用はある特定の紛争における当事者同士のみならず、ほかの国家や非国家主体、国家間組織や非国家組織を含めたうえで決定されよう。事実、大部分の国家は紛争当事者ではなくともジュネーヴ条約の批准国である。

しかし、民間人保護ための効用の範囲についての第二の解釈——地球規模での効用——に対する反論があるかもしれない。なぜなら規則を守らない者はあらゆる状況においてほぼ常に存在するからである。では、何らかの理由で一方の交戦国が戦争法を放棄したとしよう。すでに議論したように、戦争法に関するヒュームの見方では、一方の交戦国が戦争法を放棄した場合、戦争法は何の目的にも沿わないから瓦解すると考えられている[30]。これまでの戦争法に関する文脈では、ヒュームの言うところの「野蛮人」に相当するだろう。ここで我々が考えなくてはならない最も重要なことは、もし一方によって放棄された場合、民間人保護は我々の誰にとっても役に立たず、利益のないものになるのか否かという問いである。

それでは、戦争法を守らない「野蛮人」の問題を吟味するために、ヒュームが正義に関する一般理論で言及している「思慮ある悪党(sensible knaves)」[31]に関する議論を援用して考えてみよう。ヒュームによると、節度をわきまえ秘密裡に正義の網の目を潜ろうとする、思慮ある悪党が存在するという事実にもかかわらず、人々は正義を実現するための規則を守るとされる。その理由は、人々が正義を実現するための規則を守る理由は相互にとっての自己利益が唯一の理由ではなく、社会への共感、自分の評判への懸念、個人的な関与・責務・思い入れ、正しく振舞うことの道徳的承認といったほかの道徳的動機に基づいているからとされる。もしこれらの道徳的動機付けが政治的、軍事的指導者に正しく振舞うように影響を与えるとすれば、仮に交戦相手国が民間人を保護していないとしても、民間人保護を戦争における正しい行為として遵守することが期待される。

地球規模という効用の範囲に関する第二の解釈において最も重要な論点は、果たして民間人保護における地球規模での長期的な効用という理念と理想を紛争当事者が受け入れるか否かという問いである。この問いに対する答えは、民間人保護における地球規模での長期的な効用を見込んで民間人保護を履行しているにもかかわらず、その結果として多大な被害や損失を受けた場合には、この考えは深刻な挑戦を受けることになろう。もし紛争相手が民間人保護の不履行によって紛争を有利に進めているとした場合、さらなる挑戦を受けることになる。この流れにおいて想定される最悪の筋書きは、民間人保護を履行したことにより民族(もしくは国民)が滅亡するということであろう。このような状況を避けるための安全弁として、ブラントは「理想的な戦争法には、絶対的な破滅的状況を避けるためならば何をしても許容されるという規則が含まれるであろう」[32]と論じている。これは「もし社会の基本的な価値が脅かされている場合、交戦国はあらゆる抑制や制限から解放されるだろう」[33]ということを意味している。ブラントの議論は、国が生存するためなら国家は戦争においてあらゆる手段を用いることが許容され、また民間人保護が周縁的な瑣末事と見なされる可能性がある点において、民間人保護における地球規模の効用に対して深刻な挑戦を提示する。

しかし、ブラントの挑戦に対して六つの論点を示すことにより、地球規模での民間人保護の効用を支持する我々の議論を擁護することが可能であるように思われる。

第一に、ブラントが「社会の基本的価値」と呼ぶものに関する回答である。我々は、果たして民間人保護が社会の基本的価値の一部として考えられるか否かについて自問する必要があろう。もし民間人保護がそのように考えられるならば、必ずしも民間人保護を放棄する必要がないことを意味する。民間人保護が基本的価値の一つとして考えられうる理由としては、すでに議論してきたように民間人保護は絶対的大多数の受益者に対して広く恩恵を与える点に加えて、我々が文明的であるための必要条件である点が挙げられる。

第二に、現実を正しく把握する必要があると考えられる。言い換えるならば、果たして民族滅亡の脅威が民間人保護を放棄するほどまでに深刻かつ喫緊であるか否かについて、実際の状況を注意深く考える必要があろう。たしかに、政権や政府を転覆させた武力紛争は数多く存在するが、第二次世界大戦以降において文明や共同体の基本的価値が危機に陥った事例は、一九七〇年代カンボジアでのクメール・ルージュ政権下での虐殺や一九九四年ルワンダ虐殺等、実際には数少ないと考えられる。

第三に、政府の礼節や文明性に対する我々の信頼に関して論じる必要がある。ここでの論点は、果たして民間人保護を放棄する国家に忠誠を誓う価値があるのか否かという問いに言い換えることができよう。結局のところ、我々が民間人保護を履行しない政府に信用と信頼を寄せ続けられるか否かに対する答えは不確かであるかもしれない。しかし、その国家が責任を負う住民の絶対多数が保護される権利を有する民間人であるという事実にもかかわらず、もし民間人保護にコミットしないならばその政府は民間人保護の効用と礼節を重要視していないということは確かである。

第四に、特に一九九〇年以降において人権蹂躙を抑止・阻止するための武力介入は、ある意味で慣習的に実践されてきているということが挙げられる。交戦相手が民間人保護を履行していない紛争において政府および軍が民間人保護をしている事実にもかかわらず、その政府により代表される政治的共同体の構成員が全滅の危機に瀕しているとしよう。もしこのような状況が実際にあったとしたら、構成員の全滅を阻止するだけではなく武力紛争における根本的な規範の崩壊を阻止するために、国際社会が何らかの介入を行う可能性が高いと思われる。この立場は、例えばカナダ外務省の「保護する責任(*Responsibility to Protect*)」に外交政策として表れている(その内容については第六章で詳述する)。

第五に、紛争当事者が民間人保護を履行する動機は必ずしも常に地球規模での効用にのみ基づいて行われるものではないということが挙げられる。地球規模での効用という考えは、互恵に基づく動機の存在を否定するわけではない。この点を明確にするならば、特定の紛争において、互恵に基づく相互利益への動機は、地球規模での効用への見込みと確信と同時に存在しうるということである。相互利益への確信と実際の結果はともに、地球規模での民間人保護の効用への交戦国の確信をさらに強固なものにすると考えられる。

第六に、地球規模での民間人保護の効用という考えを広く普及させる活動をしている国際NGOの存在が挙げられる。その代表例は赤十字国際委員会(International Committee of Red Cross: ICRC)であり、民間人保護が国際人道法の一部として戦闘員および非戦闘員に広く認識され理解されるための活動を行っている。多層的な赤十字国際委員会の活動はそれぞれ異なったレヴェルで見ることができる。戦場や紛争地域の現場レヴェルでは民間人保護を監視し、国際・外交レヴェルでは民間人がさらなる保護を享受できるよう国際人道法の制定のための仲介者として活躍してきた。さらに、赤十字国際委員会は民間人保護を履行するよう紛争当事国を非難するのではなく穏便に注意を促す活動をしてきている。

以上六つの論点が示しているのは、社会の基本的価値が脅かされている場合において、紛争当事国は民間人保護を含む戦争での抑制や制限から解放されるというブラントの議論が必ずしも的を射ていないということである。

まとめ

本章では、どのような民間人保護の概念が彼らをよりよく保護することにつながるかを検討するため、民間人保護を武力紛争における正しい行為の一部として議論した。まず、民間人保護を武力紛争における正しい行為の一部として概念化するために、ヒュームの観点から人為的徳としての正義について議論した。ヒュームは、正しい行為を行うことや正義を認承する動機が人間本性には元々備わっていないと考え、正しい行為をする動機付けとなるものが存在し、また動機付けは正義の道徳的価値にあると論じている。次に、ヒュームの観点からは効用に正義の倫理的根拠があると考えられ、戦争における正義の一部としての民間人保護の倫理的根拠もまた同じように効用にあると考えられることを示した。さらに、民間人保護の効用の範囲についての問題を指摘し、またその問いに対して少なくとも二つの異なった答えがあることを指摘した。これを受け、民間人保護における効用の範囲についての第一の解釈の検討を通し、戦争法の効用は紛争当事国間の互恵に基づく相互利益に根拠を置き、戦争法の一部としての民間人保護も同じ文脈にあることが明確にされた。さらに、民間人保護における効用の範囲に関する第一の解釈が果たして民間人保護に貢献するか否かについて批判的検討を試みた。紛争国のみを効用の範囲の及ぶ当事者とした第一の解釈においては、民間人保護は一方が規則を守らなかった時点で失敗することを踏まえたうえで、効用が互恵に基づいているという考えが民間人を保護することに結び付くか否かについて検討した。この考えから導き出される結論とは逆に、交戦相手国が民間人保護を放棄したときでさえ必ずしも遵守を止めるとは限らないし、また、紛争当事国が時として戦争法を一方的に遵守することに利益を見出すという事実を指摘した。それにより、効用の第一の解釈は必ずしも妥当性を持たないことを明らかにした。最後に、効用の範囲に関する第二の解釈である、地球規模での民間人保護の効用について吟味した。効用の範囲を地球規模と解釈することは、実際に民間人保護に貢献する。また、民間人保護を履行することにより社会の基本的価値の破壊や構成員の全滅という破滅的状況につながる場合には、紛争当事者は民間人保護を履行する義務から解放されるという議論に対する批判的検討を行った。この地球規模での民間人保護の効用を批判する議論が成り立たないことを示すため、地球規模での民間人保護の効用を支持する六つの論点による反駁を試みることにより、地球規模での民間人保護の効用を擁護する議論を展開した。

第五章　民間人保護と軍事専門職倫理

はじめに

民間人保護を履行する主体としての軍や軍事専門職の役割について、軍事専門職倫理の観点から検討することは、民間人保護を議論するうえで欠かすことができない。なぜならば、全志願制の軍において将校以上の階級にある軍人集団は、医師・弁護士・聖職者・技術者等に並ぶ専門職集団として考えられるからである。彼らは専門的教育・訓練を経て、専門的知識と技術とを身に付けているが故に、それらに伴う権利と義務と責任とを保有すると考えられる。もし将校集団を専門職集団として考えるならば、当然のことながら一般的に専門職集団を規定する要件を多かれ少なかれ満たしていると考えられよう。専門職集団を規定する最も重要な要件の一つには、専門職集団としての倫理綱領の存在が挙げられる。

以上の文脈を踏まえたうえで、本章の目的は民間人保護を軍事専門職倫理の観点から吟味することにあり、そのためにイギリスの陸軍という、現在最も先進的な軍事組織の事例における理論的および実証的な資料を検討し、議論を進めていく。

本章は三つの節に分かれている。第一節では、武力紛争において民間人保護が履行されない理由を戦闘員の立場から探求する。第二節では、果たして民間人保護を軍事専門職倫理の一部としてとらえることができるか否かを吟味するために、民間人保護と軍事専門職倫理との関係について検討する。第三節では、民間人保護を軍事専門職倫理に組み込む方法を探究するために、民間人保護を軍事専門職の行動規範に含むための政府の役割と軍の課題について検討する。

一　民間人保護が履行されない四つの理由

本節では武力紛争でなぜ民間人が必ずしも常には保護されないのかを検討するために、戦闘員が民間人保護を履行しない四つの主な理由についてテクスト解釈および道徳心理的観点から探求する。具体的には、共感および敬意の欠如、感情的対応、結果至上主義的な軍事的思考、戦闘による心理的影響の四点を挙げることができる。

第一に、民間人保護がしばしば履行されない理由として、戦闘員が民間人への共感と敬意を持っていないということが挙げられよう。ジョナサン・グラヴァーは共感と敬意の欠如が時として他者への残虐行為を引き起こすことを指摘している。[1] 戦闘員が民間人への共感や敬意を欠いていることは、軍において民間人への共感や敬意が認識されていないか、少なくとも重要なこととして扱われていないことを示しているように思われるかもしれない。しかし、民間人への共感や敬意は軍において真剣に考えられるのみならず、軍事専門職の倫理規定の一部として認識されていると考えることもできる。イギリス陸軍を例に取ると、軍事専門職倫理規定に関する軍公文書では民間人への敬意を、イギリス陸軍の中心的価値の一つである「他者への敬意(respect for others)[2]」として表現していると読み取ることができよう。事実、他者への敬意という陸軍の中心的価値は「軍事誓約(Military Covenant)」において「イギリス陸軍の特質であり続けなくてはならない[3]」と強調されている。これらの公文書によると、敬意の対象は同陣営の兵士や交戦相手の戦闘員だけに限定されず、「全ての人間、とりわけ、戦争犠牲者、死者、負傷者、捕虜、難民の扱いにまで及ぶ。武器を持ち、また致死力を行使する責任として、全ての兵士は法の下において適切に振舞い、最も困難な条件下においてでさえ、全ての人に対して最高の基準における品格と正義感を常に維持することが肝要となってくる[4]」とされる。この軍事専門職倫理綱領に関する公文書は、民間人保護が軍事専門職倫理として組み込まれていることを示唆していると考えることができよう。

このように民間人への敬意が軍事専門職倫理の一部に組み込まれているとしても、作戦地域においてどのように兵士が民間人への敬意を表し実行するかについては深刻な疑問が残る。言い換えれば、他者への敬意に関する陸軍の姿勢における一貫性の欠如が懸念材料となる。それは、『イギリス陸軍の価値と基準―司令官版(*The Values and Standards of the British Army: Commanders' Edition*)』では敬意の対象として「全ての人[5]」と明記されているが、イギリス陸軍の「全ての兵士に行き渡っている[6]」とされる『イギリス陸軍の価値と基準―兵士版(*The Values and Standards of the British Army: Soldiers' Edition*)』では同内容の記述がないことに読み取ることができよう。『イギリス陸軍の価値と基準―兵士版』では他者への敬意を説明するにあたり、「兵士として、武器を持ち、また必要なときに統制された致死力を行使する例外的な責任を持っており、加えて、時として極限的に困難な条件下で生活および服務をしなくてはならない。そのような状況において、他者への最大の敬意と寛容さと思いやりを示すことが特に重要となる。なぜならば、指揮統率と仲間関係はそれに頼っているからである」[7]という表現が用いられている。この表現の裏に、敬意の対象は味方の指揮系統にいる者にしか向けられていないと読み取ることができるかもしれない。たしかに、『イギリス陸軍の価値と基準―兵士版』では兵士が民間人に対して敬意を持つことを明示的に禁止しているわけではないものの、敬意が戦争犠牲者や民間人にまで及ぶという一節が省かれていることからは、広範囲の敬意が必ずしも軍事的利益に結び付かないという考えが軍事的思考のなかに存在している可能性を読み取れるだろう。もし民間人への敬意が世界で最も先進的かつ道徳的な軍事組織の一つと考えられるイギリス陸軍の軍事専門職倫理に徹底的に組み込まれていないとするならば、イギリス陸軍においてすら民間人保護が軍事専門職倫理の一部とされていると考えることは非常に難しいだろう。

軍事専門職倫理綱領の一部としての民間人への敬意という考えは、第二章で論じた比例性の原則に関する限定的ではない解釈および適用がなされることによりさらにかすんでしまうだろう。比例性の原則は国際人道法における基本的原理の一つであり、非戦闘員への不必要な苦しみを避ける、もしくは被害を最小限に抑えるために、軍事力行使は軍事目的の達成とそれにより引き起こされる被害が釣り合ったものでなくてはならないということを定める。比例性の原則の緩やかな解釈の根底には、軍事的利益が民間人の犠牲を大幅に上回るときには、民間人への危害を避けなくてはならないという義務から解放されるという考えがある。さらに、民間人の被害が発生した状況においては、その被害は「付随的被害 (collateral damage)」と呼ばれ、注意が払われることは稀である。加えて、比例性の原則は意思決定において明確な回答を示すものではなく、軍事力行使の手段や方法を選択し決定するための指針として機能するものでもない。むしろ、比例性の原則の解釈や適用範囲はその運用時における戦場指揮官の役割と能力によって決まると考えられよう。

武力紛争において民間人保護が履行されない第二の主な理由として、民間人への敬意に基づかない感情的な反応を挙げることができる。ジョン・キーガンは武器を持つ者は時として武器を持たない者を従属させる欲望に駆られることがあることを指摘しており、「優越した力を持っていることは、常に悪い振舞いへの誘惑となる……強者は人間本性に根差した規則であるかのように弱者を殺害し、実際に犠牲者の弱さに殺害する刺激を受ける」[8]と論じている。マイケル・ウォルツァーもまた兵士の精神構造について、他者への敬意という考えとは背反する感情的な反応の影響により、残虐行為やほかの不法行為を犯す心理的抑制が取り払われることを指摘している。[9]

戦場において民間人保護が必ずしも常に履行されない第三の主な理由として、結果至上主義的な軍事的思考を挙げることができる。トマス・ネイゲルは、公職に就く人々の態度や思考は結果を重視した業績主義であるために結果至上主義に陥りがちであることを指摘している。[10]さらにネイゲルは、「公的機関の非人格的な道徳と、公的行為の複雑性から不可避的に生じる道徳性の細分化とにより、第一義的に結果至上主義的な権限を持つ多くの役割が設置されることになった[11]」と論じている。この結果至上主義に偏りがちな傾向は、軍事的性格を帯びた公共政策を実行する軍事専門職集団にも見ることができる。ジャック・ヴァン・ドーンは、結果至上主義に偏向した思考様式への移行を指して、「専門職倫理規定が侵食される過程[12]」と表現している。さらに彼は、「軍事的専門職に就く者は、受ける暴力に対してそれと近似した手段・方法を用いて対抗することを強いられていると感じているか、または自己がそのように強いられることを許容している。成功したいという願望により、民間人に対して軍事力を行使し、捕虜を拷問し、組織的なテロ手段を用いることになる[13]」と指摘している。もし「戦闘力における軍事的有効性[14]」によって決定され、また「目的達成のための(人的・物的・金銭的)資源の割り振りと統制に関する効果的な運営[15]」を通して遂行される軍事的成功が、向う見ずもしくは過剰な熱意で追求される場合、兵士が民間人保護を放棄する可能性は高いものとなるだろう。

武力紛争において民間人が殺傷される第四の主な理由として、戦闘状況における兵士の心理的状態が関係していると考えられる。トマス・ウィスとシンディー・コリンズは、長期に亘り戦闘のストレス下にある戦闘員が行動障害を起す可能性があることを指摘している。「戦闘員やほかの紛争における関係者が戦争の恐ろしいイメージと耐え難い生活条件にさらされる時間が長いほど、自己統制を不可能にする症候群である戦闘ストレス障害を引き起す可能性が高くなる」[16]と彼らは論じている。

本節では、武力紛争において民間人保護が必ずしも常に履行されていない四つの理由について検討した。紛争において兵士に期待される民間人への敬意は時として消滅し、また兵士仲間へのより大きな敬意によって圧倒されることが第一の理由であることが明らかになった。また、他者への敬意を凌駕する感情的反応、結果至上主義に傾倒した軍事的思考様式、肉体的および精神的な戦闘ストレス障害といったほかの三つの主な理由により、戦争において民間人保護が無用なものとして考えられるようになってしまうことを明らかにした。以上四つの民間人保護が失敗する主な理由は、民間人をよりよく保護するためには何らかの手段を講じなくてはならないことを示している。

二　軍事専門職倫理としての民間人保護

本節では、民間人保護を軍事専門職集団倫理綱領の一部として実質的に組み込むことの可能性と是非について議論する。本節は三つに分かれている。第一に、軍が民間人保護を軍事専門職倫理に組み込むことの必要性について明確にするために、武器保持者としての兵士の責任と軍事行動に関する最近の論潮について検討する。第二に、どのようにすれば民間人保護を軍事専門職倫理に組み込むことができるかを吟味するために、軍事教育と訓練という二つの方法について検討する。第三に、果たして民間人保護を軍事専門職倫理の一部として組み込むことが有意義であるか否かを吟味するために、組み込んだことによって引き起こされる可能性のある問題について検討する。

1　民間人保護を軍事専門職倫理に組み込む理由

軍人が専門職集団であるか否かという問題には少なからず議論すべき点があるが、少なくとも将校集団は伝統的な専門職である医師や法律家に準ずる専門職と考えることができよう。[17] 専門職倫理の観点から考えるに、軍事専門職集団が医師や法律家といった伝統的に認められている専門職集団と異なる点は、敵戦闘員による脅威を取り除くために相手を死に至らしめる物理的強制力を用いる知識・技能・手段・権利および義務を特権として有していることにある。事実、兵士は他者にとって致死的となる統制された暴力を行使するために武装し、また武器を扱う訓練を受けている。この軍事専門職の特性は、例えばイギリス陸軍の「軍事誓約」を引用すると、兵士が「命令に従って戦い、また必要であるならば殺すための法的権利および義務[18]」を有する点にあると考えられる。さらに「軍事誓約」によると、武器を保有していること、敵と交戦し、自らを危険にさらすことに備え、そのことをわきまえておく必要性は、兵士の「重大な責任[19]」に由来していると述べられている。兵士に付与されるこれらの特権は、軍事専門職倫理における責任の一部として民間人保護が考えられる可能性を示しているように思われる。

武器を持つ者の責任と義務の履行として民間人を保護することが兵士に期待され、また求められるにもかかわらず、戦争の歴史において民間人保護が常に軍事専門職倫理とされてきたわけではなかった。ジョフリー・ベストによると、一九世紀初頭から二〇世紀初頭に至る過去一〇〇年以上に亘って民間人保護が軍事専門職倫理の一部であった理由は、戦闘員と民間人の間に往々にして大きな隔たりがあり、明らかに区別できたことにあるとされる。[20] つまり、その隔たりが見えにくくなった現在、戦闘員の多くは過去に比べると民間人保護を軍事専門職倫理として考えていないことをベストの議論は示唆している。この傾向は、現代の武力紛争においてゲリラ、テロ組織の構成員、民間軍事請負業者といった正規軍の構成員ではない戦闘員の数や割合が多くなっており、また彼らの役割や活動が拡大しているという事実によって説明される。彼らは必ずしも常に民間人保護を倫理的行為として考えない。なぜならば、彼らは軍事専門職集団に属しているとは限らないからであり、また一九九〇年代の旧ユーゴスラヴィアやルワンダにおける一連の民族浄化や虐殺を例に挙げるまでもなく、多くの紛争において民間人に危害を加えること自体が武力紛争の目的となっているからである。

現代の地球規模の安全保障という環境では、民間人保護は軍事専門職倫理の一部として考えられる機運が醸成されてきている。その理由は、国連主導もしくは国連に承認された軍事作戦において民間人保護が目的の一つになってきていることにある。それらの人道的軍事作戦における目的を達成するために、参加する国の軍兵士は民間人保護を専門職倫理の一部として(少なくともそうであるかのように)認識し、理解し、身に付け、実行することが要求される。今日の戦略的環境において海外派兵をするための政治的意志と軍事的能力を併せ持つ軍の構成員は全面戦争や大規模戦闘作戦に対する備えだけではなく、援助物資輸送・平和維持・平和執行・民間人の保護といった、冷戦後に拡大しつつある軍事的または非軍事的手段による人道的な活動・作戦を遂行することが要求される。[21] これら介入者としての遠征軍によって行われる人道的活動・軍事作戦において、民間人保護は活動・作戦の目的の一部として強調され、また時として事実上の軍事専門職の倫理規範として実践されることもあったと考えられる。

武力介入が人道的な目的のために行われるという新たな傾向に加えて、介入者としての遠征軍は民間人保護を軍事専門職倫理の一部として組み込むことを必要とするに足る理由を持っている。西側の工業化した民主政国家の軍に属する兵士は「伝統的価値だけではなく平和の大義のためにも自己の生命を賭す覚悟という特定の倫理[22]」を持つことが期待され、かつ求められるほどにまで専門職的であるとキーガンは論じている。また、ニコラス・ファションとジェラルド・エルフストラムによると、倫理綱領は軍とその構成員にとって「再発する状況において人々の行動を統制するための実践的な装置[23]」としての役割を担う点において使い勝手がよいとされる。類推するに、一人の医師による一度だけの不正行為が医療専門職全体としての評判に影響を与える可能性があるように、一人の兵士による一度だけの不正行為が軍全体の評判を傷つけるのみならず、正統性と信頼を失墜することにつながる可能性があると考えられよう。

本項では、民間人保護を軍事専門職倫理に組み込む必要を正当化するに足る理由として、武器保持者としての兵士の責任および最近の軍事作戦の傾向について検討した。本項を通して、現代の紛争において民間人を保護することは必ずしも常に実践されていないが、彼らを保護することは武器保持者としての兵士の責務であることを論じた。また、民間人保護を軍事専門職倫理に組み込むことは、民間人および軍にとって有益であると論じた。その理由は、人道的目的に基づく多くの軍事作戦では、民間人保護が作戦目的の一つとして勘定されており、また兵士はその遂行を求められるからである。もし民間人保護を軍事専門職倫理に組み込むことが軍にとって有益かつ必要であるとするならば、どのようにしたら有効かつ効率的に行うことができるかについて考える必要があるだろう。

2　軍事訓練および教育

前項で議論したように、民間人保護を軍事専門職倫理に組み込むための手段としては、教育と訓練を挙げることができる。なぜならば、教育と訓練を通して、軍が履行することを求められる紛争における正当な行為として、民間人保護を認識し理解することができるからである。この意味において教育と訓練は、過酷な状況下における兵士の精神的・肉体的破綻を避け、また最小限に止めるための、そして全ての軍構成員が学び会得しなくてはならない価値と基準を支えるための装置として機能することが期待される。

民間人保護の核心は軍関係者への教育にあると考えることができる。なぜならば、教育を通して軍人は民間人保護を軍事専門職倫理として認識し理解することができるからである。軍教育において最も重要なことは軍人に倫理綱領を理解させ身に付けさせることであるとファションとエルフストラムは論じている。[24] 軍教育の必要性と重要性についてはジョージ・リー・バトラーも指摘しており、彼によると兵士が品格を失う理由は「教育と個人の規律を欠いている」[25]からであり、また「教育や倫理綱領によって求められていることを身に付けることに失敗している」[26]からであるという。それ故に、民間人保護が保証されるためには、軍は実行することが求められる軍事専門職倫理として、その構成員に民間人保護を理解させ身に付けさせることが必要となるだろう。

軍教育は少なくとも二つの異なったレヴェルで行われる。一つは職業軍人としての将校集団に対しての軍教育であり、もう一つは一般兵士に向けられるものである。ファションとエルフストラムによると、まず特に軍下層階級集団（一般兵士および下士官）に対して直感的道徳思考が表れている倫理綱領が徹底的に叩き込まれ、それから特に軍上層階級集団（将校）に対しては「綱領で網羅できない道徳的な溝を埋める」[27]ための批判的思考の補完的演習に進む。イギリス陸軍における将校集団への教育を例に挙げるならば、職業将校としての専門職教育は医師や法律家といった伝統的専門職と同じくらい「長く、厳密」[28]であるとパトリック・マイラムは論じており、また暴力の管理という専門職としての「正資格」[29]となる「高度幕僚指揮課程（Advanced Command and Staff Course）」を修了するまでには、最長一五年かかることを指摘している。民間人保護は、幕僚職に就く直前かつ「大佐もしくはそれ以上の階級に上る可能性のある」[30]上級将校を対象にした高度幕僚指揮課程の一部に組み込まれている。

また、軍教育は一般兵士に対しても行われる。一般兵士への教育が特に重要である理由は、戦闘において致死力を行使するにもかかわらず、将校と比較すると法的・倫理的行動からの逸脱に対してより脆弱であるからと考えられる。ファションとエルフストラムは、「職業軍人に比べ軍の伝統のなかでより訓練が少なく、軍上層部の構成員に比べ一般的に受ける教育が少ない」ので、一般兵士は「倫理的問題に直面したときにどうすればよいのか分からない、もしくは直感的に間違ったことをしてしまう傾向にある」[31]と論じている。それ故、民間人保護を徹底するには、軍はその構成員全てがそれを履行し遵守すべき倫理規範として身に付け実行できるように教育する必要があるだろう。

もし軍教育で軍人に民間人保護を軍事専門職倫理として教えるとして、果たしてその教育が軍事訓練を通して効果的に行われるか否かという点について探求する必要があるだろう。一方では、民間人保護の教育は軍事訓練に組み込むことができないと論じられている。例えば、リチャード・ホームズはその立場を採っており、戦闘行為の抑制に関する指示を兵士に与えることは「混乱を招き、また実用的でない[32]」と論じている。ホームズは軍事訓練の主な機能を殺害に対する精神的鈍化と位置付け、「殺害に対する深く根差した文化的・心理的タブーを取り除くことは正当な必要性であり、軍事訓練の必要不可欠な部分である[33]」と論じている。また、彼は、殺害のタブーを取り除く過程において「ほぼ強制的な敵の非人格化[34]」が伴うことを指摘している。これらの理由により、「意図的な抑制の演習によって兵士を訓練する」よりも「好戦的熱意を吹き込む[35]」ほうが容易であるとホームズは論じている。

しかし、他方では、非常に長い道のりであるかもしれないが、軍事訓練を通して軍人に民間人保護を軍事専門職倫理として身に付け実践させることは必ずしも不可能ではないとも考えられる。なぜならば、軍事訓練が民間人保護を軍事専門職倫理に組み込む役割を果たすか否かは、その訓練の内容にこそ左右されるからである。もし軍事訓練が兵士に兵役の意味、また軍の構成員として何をすべきかを理解させることを目的としているのであれば、軍事専門職倫理としての民間人保護が組み込まれて然るべきであろう。もし殺害に対する兵士の精神的鈍化が軍事訓練を通して可能であるならば、軍事専門職倫理としての民間人保護の規範に対する精神的鋭敏化が不可能であるという根拠はどこにもないだろう。その理由は自明である。もし軍事専門職集団が自らの倫理綱領を実践することに失敗したならば、それはすなわち専門職集団としての存在理由を失うことを意味するからである。

軍人が軍事教育と訓練を通して民間人保護を理解し、身に付け、実行する場合に問題となるのは、一体どの程度まで会得すべきかということである。ファションとエルフストラムは、倫理綱領は「忘れないよう軍人の良心に深く刻み込む[36]」必要があり、また良心を持たない者に対しては「綱領に違反すると上官からの制裁に遭うという考えを追加したうえで、兵士に一般的レベルでの記憶に刷り込む[37]」必要があると論じている。また彼らは、

「ヴェトナム戦争におけるミー・ライ(My Lai)殺戮のような目に余る道徳的過ちを犯すことを避ける助けをする」[38]という軍の倫理綱領における最低限の基準を挙げている。同じように、シドニー・アキシンもまた、戦争法教育は兵士が戦争犯罪を行わないよう徹底的に実施する必要があると論じている。[39]

つまり、特定の専門職集団はそれぞれの専門職倫理に拘束され、[40]軍事専門職もまた例外ではない。軍事専門職集団としての軍人は軍事専門職倫理に従い、それを遵守することが期待され、かつ要求される。軍事教育および訓練を通して民間人保護が軍事専門職倫理として彼らの身に付いた場合、民間人保護は専門職倫理に則した正しい行動として奨励され推進されることになろう。また逆に、民間人を保護しないことは専門職倫理からの逸脱行為を意味し、非難にさらされるだけではなく懲罰の対象にさえなる。この理由において、もし軍人が民間人保護を専門職倫理として身に付けているならば、民間人への危害の程度・規模・頻度が最小限になることが期待される。民間人保護を専門職倫理に組み込む最大の利点は、民間人保護にかかわる行為がプロフェッショナルの精神に照らし合わされ、軍組織の精神となるということにある。

3　起こりうる問題の検討

民間人保護が軍事専門職倫理に組み込まれた場合、深刻な問題が一つ想起されるかもしれない。つまり、もし民間人保護を軍事専門職倫理としている兵士が、そうではない敵と直面した場合である。マイケル・イグナティエフは、現代の多くの紛争において介入される側の軍や武装勢力は戦争における法や慣習に必ずしも敬意を払っていないが、介入する側(つまり、この文脈ではアメリカ、イギリス、そしてほかのNATO加盟諸国を示唆している)は武力紛争法を遵守して戦っていると指摘している。「我々はルールに従って戦っているが相手はそうではない……時として、ソマリアでのように、このようなことは起こりうる。その理由は、モガディシュでの事例のように、相手は部族民、強力な準軍事組織、非正規軍、十代の暴徒、子供、盗賊等で構成されていることがあるからである。ここは倫理判断がなされるところであるが、相手は我々がジュネーヴ条約のルールに従って戦っているのを知っていて、それを逆に利用するのである……彼らは戦車や司令部を民間人の近くに置く。これはコソヴォで起きたことだが、セルビア側は我々がジュネーヴ条約を遵守していることを逆手にとっていた[41]」とマイケル・イグナティエフは論じている。このような状況において考えなくてはならない問いは、敵が民間人保護の規則を遵守していないという事実にもかかわらず介入側はそれを遵守すべきか否かということであろう。

もし民間人保護が軍事専門職倫理に組み込まれていた場合、民間人保護が容易に違反される事態は発生しがたいと考えられる。その理由は、軍事専門職倫理はたとえ逆境にあるときでさえ軍人に対して敵よりも高い道徳的立場を保つことを要求する点にある。この点は、例えばイギリス陸軍の場合、「軍事誓約」において規範的命令(あるべき姿)として確認することができる。「軍事誓約」には、軍事的成功は「敵を克服するのみならず、継続する平和を構築するという道徳的強さ(敵に対する道徳的優越性)に左右される[42]」と述べられている。この規範的命令は敵が戦争法や慣習を履行しない場合においても兵士はそれらを遵守しなくてはならないということを示している。このように民間人保護は軍事専門職倫理として規範的命令であり、戦争法を守らない敵に対して民間人保護を(戦闘における軍事的な不利を承知で)遵守することは、軍事専門職としての高い道徳観にその基盤を見出すことができるだろう。

三　政府の役割と軍の課題

本節ではどのようにすれば民間人保護が保障されるかを吟味する。具体的には、前節で検討した軍事教育および訓練が民間人保護を軍事専門職倫理に組み込む役割を果たすことを踏まえたうえで、政府の役割と軍の課題について検討する。第一に民間人保護が保障されるための政府による役割について、第二に民間人保護が確実に実践されるための軍の課題について、検討する。

1　政府の役割

本項では、どのようにすれば民間人保護が保障されるかについて吟味するために、民間人保護への政府の役割について検討する。政府の役割を検討する理由として、政府は民間人保護における究極的な責任を負うことと、また軍に対して政治的指導力を発揮することによって民間人保護を保障する能力を潜在的に持つことが挙げられる。民間人保護のために政府が果たしうる役割は二つある。

第一の役割は、軍事作戦において民間人保護を政治・軍事目的として設定することである。西側の民主政先進諸国では、軍は政府に従属し、軍の役割は政治的目的に基づいた軍事政策を執行することであると認識されている。この命令系統は軍に対する政府の権威と優位性を意味する。それ故、政府の役割は、民間人保護が政策および作戦運用レベルで保障されるよう、軍事作戦における政治・軍事的目標の一つとして設定することにある。

第二の役割は、軍に民間人保護を軍事専門職倫理として確実に習得・実践させることである。政府による率先が期待され、また必要とされる理由は、民間人保護の究極的な責任は政府に帰されることにある。民間人保護において政府に責任があることは、軍が民間人保護を軍事専門職倫理として習得し実践することを徹底する義務を政府が負うことを意味する。軍において民間人保護を理解させる政府の責任は、一九七七年ジュネーヴ条約第一追加議定書(AP(I))第八三条一項においても確認することができる。[43]

2 軍の課題

本項では、民間人保護を専門職倫理に組み込む際の軍の課題について検討する。民間人保護にかかわる軍の課題は二つある。一つ目は民間人保護の利点を汲み取り、また構成員にその利点を認識させ理解させることである。二つ目は民間人保護がほかの政治的、軍事的目的のために相殺される軍事政策を政府に強要された場合に、民間人保護を擁護することである。以下、二つの課題について順を追って検討していく。

第一の課題は、もし民間人保護に利点があることが分かれば、軍は民間人保護を軍事専門職倫理として保持する動機を得るであろう。民間人保護を履行することによる軍の利点は少なくとも二つ考えられる。

軍にとっての民間人保護にかかわる利点の一つは、民間人保護をほかの国際人道法の規則とともに包括的に遵守することにより、国際人道法で認められている利益を享受する権利が与えられることにある。アキシンは民間人のみならず兵士もまた現在および将来の紛争においてジュネーヴ条約の受益者であることを指摘している。[44]ジュネーヴ条約の受益者であり、また民間人保護を武力紛争における法および慣習の一部として遵守することにより、享受できる利益があることを認識し理解することによって、軍は民間人保護を遵守する動機を得ることになろう。前節においてすでに論じたように、民間人保護の利点を認識し理解するための有力な方法の一つには、軍事教育および訓練を挙げることができる。

民間人保護によって軍が享受するもう一つの利点は、兵士の士気喪失を避けられるということである。それは、民間人保護の違反は兵士の士気を悪化させるという事実に依拠する。民間人保護に違反する行為は軍人としての名誉や自己イメージに矛盾するために、士気が下がることが懸念される。民間人に危害を加えることによって生じる士気の喪失は正規軍兵士において起こりやすいことは、イスラエル国防軍の予備役兵士がヨルダン川西岸地区およびガザ地区における軍務を拒否した事件に見てとることができるだろう。予備役兵士が占領地区でのイスラエル国防軍によるパレスチナ人の虐待および迫害を非難した請願書がイスラエルのヘブライ語大手日刊新聞『イェディオト』紙に掲載された。[45] 重要な点は、予備役兵士は通常の予備役軍務には喜んで就くが、イスラエル国防軍による民間人保護の違反が頻発している占領地区での軍務に就くことを拒否したということにある。

軍の第二の課題は政治的操作に対して民間人保護の擁護者となることである。この課題は、政策決定レヴェルでの軍事作戦における目標設定が民間人保護と相容れない、もしくは矛盾する場合において最も重要になる。たとえ民間人保護を軍事専門職倫理に組み込んでいたとしても、政治が軍事事項に介入する場合には民間人保護の違反に対し脆弱であることが危惧される。政治的に決定された、より大きな「善」、総体的結果、使命・目的等のために民間人保護を妥協もしくは違反させられる状況に追い込まれるかもしれない。政治指導者が自らの政治目的を達成できるよう、軍人の専門職意識に介入しないとは限らない。

それ故に軍の課題は民間人保護に対する政治的圧力をはね返すことにあると考えられる。軍事政策は政治の領域で作成され決定されるが、軍人の専門職意識は政治のみによって簡単に変革できるものではない。なぜならば、専門職意識は専門職集団の自己実現の表象であり、アイデンティティの不可欠な部分であるからである。もし民間人保護が専門職意識の一部であるならば、民間人保護にかかわる軍事専門職の行為は外部から監視されるだけではなく、自己および同じ専門職集団による規制の対象となる。ケネス・ボイドの言葉を借りると、「専門職集団の仕事の特性は、よりよき行いをするために相互に励ます潜在性を、従事先の利益と反応を勘案したうえで、専門家同士での日々の交渉を通して実現していくところにある」[46]と言える。民間人保護を専門職意識の一部として発揮することにより、軍事専門職集団は民間人保護に対してより配慮し、また自主的規制を行い、そして民間人保護に違反しないよう注意深くなると考えられる。

本項では、武力紛争において民間人をよりよく保護するために何ができ、また何をすべきかを明確にするため、民間人保護にかかわる軍の課題について検討した。軍の一つの課題は、民間人保護を軍事専門職倫理として保持する動機を得るために、軍人に民間人保護が軍およびその構成員にもたらす利益を意識させることであると論じた。また、軍のもう一つの課題は、民間人保護が政治的理由によって蹂躙されないように民間人保護にかかわる専門職意識を発揮することで、政治的操作に対抗して民間人保護を擁護することであると論じた。

ま と め

本章では、民間人保護を軍事専門職倫理の観点から吟味することにより、民間人保護の可能性を検討した。第一節では、なぜ民間人が武力紛争で必ずしも常に保護されていないのかを検討するために、戦闘員が往々にして民間人保護を履行しない四つの主な理由についてテクスト解釈および道徳心理学的観点から探求した。議論を通して、紛争において兵士に期待される民間人への敬意は時として消滅し、また兵士仲間へのより大きな敬意によって圧倒される場合があるということが分かった。また、他者への敬意を凌駕する感情的反応、結果至上主義に傾倒した軍事的思考様式、肉体的および精神的な戦闘ストレス障害といった理由によって、戦争において民間人保護が無用なものとして考えられるようになってしまうことが分かった。第二節では、どのように民間人保護が軍によって保障されるかについて吟味するために、軍事専門職倫理の観点から民間人保護を検討した。この節では、軍事専門職集団は民間人保護の価値を認識し理解して、民間人保護を軍事専門職倫理に組み込む必要があると論じた。また、民間人保護を軍事専門職倫理に組み込む方法として軍事教育および訓練について検討し、軍事教育および訓練は軍事専門職集団に民間人保護を専門職倫理として認識させ、理解させ、身に付けさせ、実践させるのに非常に有効であることが分かった。さらに、敵が民間人保護に違反していても、民間人保護が専門職倫理として組み込まれている場合には、必ずしも軍が民間人保護を停止するには至らないと論じた。第三に、民間人保護を軍事専門職倫理に組み込むことを可能にする方法を探究するため、民間人保護を軍事専門職の行動規範に含めるための政府の役割と軍の課題について検討した。政府の役割は、民間人保護が政策および作戦運用レベルで保障されるよう、軍事作戦における政治的、軍事的目標の一つとして民間人保護を設定することであり、また軍事教育および訓練を通した軍による民間人保護の習得を確実にするために、政治的影響力を行使することにあると論じた。また、軍の課題は、民間人保護を軍事専門職倫理として保持する動機を得るために、軍人に民間人保護が軍およびその構成員にもたらす利益を意識させることであり、また民間人保護が政治的理由によって蹂躙されないように民間人保護にかかわる専門職意識を発揮することで、政治的操作に対抗して民間人保護を擁護することであると論じた。次章では、「保護する責任」という人道介入のための現代版正戦論について論じることで、現代の武力紛争において民間人保護が最も問題となる人道的武力介入について検討したい。

第六章　民間人を保護する責任——人道的介入で保護は可能か？

はじめに

前章では民間人保護を軍事専門職倫理の観点から吟味することにより民間人保護の可能性を検討した。本章では現代の武力紛争において民間人保護が最も問題となる人道的武力介入について検討していくために、「保護する責任」という現代版正戦論について論じる。

「保護する責任(responsibility to protect)」は、二〇〇一年にカナダ政府が主導した、「介入と国家主権に関する国際委員会(International Commission on Intervention and State Sovereignty)」による人道的介入に関する報告書『保護する責任―介入と国家主権に関する国際委員会による報告(*The Responsibility to Protect: Report of the International Commission on Intervention and State Sovereignty*)』[1](二〇〇一年)(以下『報告書』)で初めて発表された枠組みである。保護する責任は国家統治を政府の権利ではなく、責任としてとらえ直している点において非常に興味深い。この枠組みでは、保護する責任を「予防する責任(responsibility to prevent)」、「対処する責任(responsibility to react)」、そして「復興する責任(responsibility to rebuild)」の三つに段階分けがなされている。それぞれ三つの段階に様々な倫理的な問題が潜んでいるが、倫理的なジレンマが最高潮に達する事例の一つとして、ある国家において人権の大規模な蹂躙などの非人道的な状況が発生した場合に、その状況を阻止ないし緩和させるために軍事力を用いること、すなわち人道的武力介入の是非を挙げることができる。これを保護する責任の枠組みに当てはめると、責任を果たしていない(果たす意思のない、果たす能力のない、またはその両方の)国家に対しては、ほかの国が軍事力を用いてその責任を肩代わりすることが例外的に正当化されることになる。

たしかに、一九七〇年代前半のクメール・ルージュ統治下のカンボジアや一九九〇年代半ばのルワンダ内戦に代表される大規模な人権の蹂躙や国際法の違反といった非常に極端な状況が発生した際に、それを阻止するために武力を行使することが例外的に正当化される可能性を完全に否定することはできないだろうし、極限状態における人道的武力介入の正当性を示すためには保護する責任という概念は非常に有効かつ有益であると考えられる。

しかし、二〇〇三年に開始されたイラク戦争以降、現在では人道的武力介入という概念一般のみならず、保護する責任の妥当性についても懐疑的な風潮が強くなっているように思われる。例えば、アレックス・ベラミーは、イラク戦争の残した遺産として、「善かれ悪しかれ世界の大多数の国々は、〔アメリカを中心とした〕連合国がそれぞれの目的に合うように人道的な理由を濫用して武力介入を正当化したのだと信じており……このことは、基本的人権の大規模な蹂躙が行われているときに行動を起す必要性について、地球規模での意見の一致を活性化させる試みに水をさすことになるだろう」と論じている。[2] それに加えて、軍事力を用いた民間人保護を論じるにあたり必要不可欠と思われる考察――具体的には、武力介入によって保護されなかった民間人や武力介入の犠牲となった民間人を巡る倫理的諸問題についての検討――が保護する責任の議論からは抜け落ちている。このことは民間人保護を巡る保護する責任の議論の大きな欠陥であると考えられる。

本章の目的は、人道的武力介入の正当性の根拠に成りうると考えられている保護する責任について、民間人保護の視座から建設的批判を行うことにある。具体的には、民間人保護という観点から、保護する責任のうち対処する責任における選択肢の一つとして想定されている武力介入と、それによって引き起こされる諸問題に焦点を絞って議論を進める。

本章は五つの節に分かれている。第一節では保護する責任のうち、対処する責任で描かれている武力介入のための枠組みをどのような文脈で読むことができるかという観点から、武力行使の倫理を巡って従来からの標準的な議論であるところの「正戦論」[3]との共通点と相違点を検討する。ここで結論だけ述べておくと、保護する責任の議論は正戦論を人道的武力介入のために現代の状況に合うように仕立てた、ある意味では焼き直しに過ぎない。第二節では保護する責任における武力介入の概念が内在的に抱えるジレンマを検討することを通じて、この枠組みの限界を明らかにする。第三節では武力介入によってもたらされる、民間人が被る非人道的結果を償うための手段について考え、「回復的正義(restorative justice)」の概念を導入することで、保護する責任が抱える問題点が克服されるかどうかについて検討する。第四節では国際人道法における民間人犠牲者に対する補償の範囲と限界を検討する。第五節では民間人犠牲者に対する回復的正義のあり方を模索し、補償の必要性を提案する。

一　民間人を保護する責任──人道的武力介入のための「新」正戦論

保護する責任における武力介入は正戦論を意識して書かれている。『報告書』では「正戦（just war）」という言葉は使われていないが、その補足資料である『保護する責任─資料・参考文献・背景（*The Responsibility to Protect: Research, Bibliography, Background*）』[4]（以下『資料』）の第六章では武力行使に関する倫理的伝統としての正戦論について短いながらも検討がなされており（一三九─四〇頁）、「正戦思考（just war thinking）と人道的介入との包括的な基準との関連性は明確である」（一四〇頁）と述べられている。特に、「保護する責任」における三本柱のうちの一つである対処する責任において、武力介入を行う判断をする際に満たすべき基準として、「正しい機関（right authority）」、「正当な理由（just cause）」、「正しい意図（right intention）」、「最終手段（last resort）」、「比例した手段（proportional means）」、「〔成功への〕合理的見込み（reasonable prospects）」の六つを挙げている。これらの基準の多くは正戦論で用いられている用語を援用しており、内容についてもほぼ同じである。このことから保護する責任の議論が正戦論の延長線上で展開されていることは明らかに見てとれる。

しかし、当然ながら保護する責任が提示する基準と正戦論による基準には外見上異なる点も散見される。以下、正戦論を踏まえたうえで保護する責任の枠組みにおいて民間人保護の問題と深くかかわる二つの点について検討する。

第一に正当な理由の定義について正戦論と保護する責任の間に差異を見ることができる。まず、正戦論を見てみよう。この枠組みでは、戦争を開始する際に必要とされる正義の要件の一つである正当な理由は、不正な攻撃に対する防衛、不正に奪われたものの復旧、悪への懲罰という三つの可能性があるとジェームズ・ターナー・ジョンソンは指摘している。[5] 特に、人道的武力介入については、正戦論の枠組みのなかにおいては「不正な攻撃を受けている他者の防衛」という文脈で議論されている。[6] 無辜の他者を防衛することはアンブロシウスやアウグスティヌスから始まるキリスト教に根差した正戦論の伝統であり、「戦争を開始する際に必要とされる正義は――もし必要であれば強制力を用いてでも――隣人を守る義務であるという概念から発展した」とジョンソンは論じている。[7]

次に、保護する責任を見てみよう。この枠組みでは、武力介入をする際の正当な理由とは民間人の人権保護としての他者防衛に特定しており、武力介入は大規模な殺戮や民族浄化が発生しているなどの切迫した状況に対処するための例外的かつ特別な手段とされている。しかし、すでに見たように無辜の他者の防衛は正戦論では目新しいことではない。また、人権保護が戦争を開始する正当な理由であるという議論は一九八〇年代にデーヴィッド・ルーバンが展開している[8]（『資料』においてもルーバンの著作は参考文献として挙げられている（二五二頁））。

第二に、第二章で検討した「非戦闘員免除（noncombatant immunity）の原則」の扱いについて、正戦論と保護する責任の間に差異を見ることができる。非戦闘員免除の原則は文字通り非戦闘員への直接攻撃を禁止するものである。[9] 非戦闘員免除の原則は正戦論において重要な位置を占めており、絶対的な規則[10]として考えられている。保護する責任では非戦闘員免除の原則が武力介入の六つの判断基準、すなわち六つの原則として明示されていないことは当然であると考えられるかもしれない。その理由は、保護する責任に基づく武力介入の枠組みでは、武力は常に敵戦闘員に向けて行使されていることが前提になっており、また民間人を保護することがその存在理由であるが故に、民間人への意図的な直接攻撃は想定されていないことにある。その意味で、保護する責任においても非戦闘員免除の原則は絶対的であると考えることができる。しかし、武力介入が行われる場合、錯誤による民間人への直接攻撃や、軍事作戦を遂行するうえで民間人に対して付随的な被害を与える事態は、ほぼ不可避的に発生する。この点については次節以降で詳しく検討していく。

本節では保護する責任と正戦論の共通点と相違点の検討を通して、保護する責任が人道的武力介入のための新しい正戦論であることを論じた。保護する責任において描かれている武力介入は、従来から正戦論において戦争を始める正当な理由として考えられてきた他者防衛を民間人保護として再構築することより、人権保護という人道的な目的を実現するための手段として位置付けられている。それでは、保護する責任は、果たして正戦論にも同様に内在する民間人保護に関するジレンマを克服することができるのであろうか。次節では保護する責任の枠組みにおける民間人保護について批判的検討を行う。

二　二つのジレンマ——民間人保護の責任に関する批判的検討

保護する責任が人道的武力介入の正当性の根拠になるならば、まず問われるべきは保護対象の範囲、つまり「誰を保護するのか」という問題であろう。保護される対象が誰であるかという問題については『報告書』で明らかにされているように、人道的武力介入の対象にされる国において人権を蹂躙されている人々、主に民間人ということになる。『報告書』では「人間保護作戦のための指針(a doctrine for human protection operations)」(六六頁)として、その作戦執行においては「全ての民間人に最大限の保護を保障すること」と「国際人道法を厳格に遵守すること」を原則として掲げている(六七頁)。

しかし、一般原則として民間人保護を掲げたとしても、人道的武力介入において軍事力の行使が伴う以上、それによって非人道的な結果――端的な例として犠牲者の発生――がほぼ必然的に引き起こされる。その場合、誰が武力行使の犠牲者になるのかが問題となる。この問題は他国の民間人を保護するために自国の戦闘員を犠牲にすることと、ある民間人を保護するために他の民間人を犠牲にすることという二つのジレンマを提示する。以下、それら二つのジレンマについて検討する。

第一のジレンマは、主に介入する側の国内的な問題と考えられる。マイケル・ウォルツァーは、現代の民主政国家では、自国の兵士が危険にさらされるような軍事力の行使に対して消極的であるという傾向を指摘している。[11]「今日の民主政国家には「下層階級」や目に見えない、使い捨てられる市民はいないのであり、その共同体にとって明白な脅威がない状況においては政治エリートさえ地球規模の法や秩序のために犠牲を出すことに積極的ではない」と論じている。[12]『報告書』では「現実の問い」として「究極的には、果たして西側諸国は戦争犯罪や人権蹂躙や強制移住を阻止するために、自国の兵士の生命を危険にさらすことに前向きであるか否か」と指摘している（六三頁）。

しかし、他国の民間人を保護するために自国の戦闘員を犠牲にするという、介入国の抱えるジレンマは、武力介入において介入側が自国の戦闘員を保護するために標的国の民間人を犠牲にするという、より深刻かつ重要な問題を提起する。つまり、介入国が自国の兵士を危険にさらすことに対するためらいを強く感じている場合、武力介入においてはその目的であるはずの住民の人権保護より「兵力保護（force protection）」が優先される事態を生じさせる。

当然ながら、武力介入において実際に地上軍が投入される場合には、戦闘地域において多かれ少なかれ兵士を危険にさらすことになる。また、投入された地上軍兵力が現地の軍や地元の武装勢力に軍事的に圧倒される事態は想定されうるし、また実際に起きている。このときに問題になるのは、果たして介入国政府は自国の兵士を犠牲にしてまで標的国の住民を保護する政治的意思があるか否かということであるが、往々にして介入側は住民保護よりも自国の兵士の安全を優先する。最も有名な事例の一つして、第四章で紹介した一九九五年七月にボスニア内戦中のスレブレニッツァで、セルビア系武装勢力によるボスニア系住民の大量殺戮が、介入軍によって阻止されなかった事件を挙げることができるだろう。当時、国連により安全地域の一つとして指定されたスレブレニッツァには軽武装の四〇〇名のオランダ軍部隊が駐留していた。オランダ軍部隊は自らの兵力保護を優先し、ボスニア系セルビア軍を迎え入れ、結果として数千人のボスニア系イスラム教徒の民間人が虐殺されることになった。

兵力保護が民間人保護に優先される場合を念頭に置き、『報告書』は軍事介入の作戦原則として「兵力保護を主要な目標としてはならないということを受け入れる」(xiii頁)ことを挙げており、また「介入軍の兵力保護は重要であるが、それを主要な目標とすることは決して許されるべきではない」(六七頁)とし、さらに「兵力保護が第一の懸念となる場合には撤退——ひょっとすると新たな、より強固なイニシアティヴが後に伴うかもしれない——が最善の方策となる」と論じている(六七頁)。たしかにこの分析・政策提言は的を射ているように思われるが、実際には軍事作戦は介入国政府の国内および対外政治情勢と複雑に結び付いており、それらの変数によって時として自国の兵士を犠牲にして標的国の住民を保護するという、政治的意思が決定されなければならないとする『報告書』の提言は、あまりにも当然かつ単純であり、それ故に実質的な提言にはなっていない。

第二に、人道的武力介入は、ある民間人を保護するためにほかの民間人を犠牲にする、またはある民間人を殺す（もしくは見殺しにする）ことによりほかの民間人を保護する、というジレンマを常に抱えている。これは保護する責任、人道的武力介入、民間人保護について考えていくうえで議論を避けられないジレンマであり、この問題から目を逸らすことは欺瞞以外の何物でもない。

武力が行使される場合、それがたとえ保護する責任が謳う住民の人権保護であったとしても、直接的または間接的に民間人に対して危害を加える結果に至ることはほぼ不可避である。介入軍の軍事作戦が民間人に付随的に被害を与えたり、また錯誤や誤解により介入軍兵士が現地住民に軍事力を行使したりすることは容易に想像でき、人道的武力介入の色彩の強い多くの武力紛争においても実際に発生している。介入側が現地武装勢力に攻撃を加えることで武装勢力による現地住民への迫害が助長されることや、逆に何らかの理由で介入側が民間人保護ための軍事作戦を展開しなかったことにより、武装勢力による民間人への迫害が野放しにされることが起りうる。犠牲者の観点から見れば、武力行使は正当化されえないというほぼ明白な事実と、人道的武力介入が民間人に危害を加える結果をもたらすというほぼ不可避的な事実との折合いについては、保護する責任では検討がほとんどなされていない。

この民間人保護を巡る第二のジレンマは二つの大きな問題を提起する。一つは、果たしてこのジレンマを解決することができるのかという問題であり、もう一つは、もし解決できるとするなら、どうすればできるのかという問題である。

結論から言うと、第一の問題に対する完全な解決方法は存在しないだろう。なぜならば、人道的武力介入を行うことにより、意図的ではないにしても副次的・付随的に民間人の犠牲を招く。また逆に、人道的武力介入を行わないことにより、あるいは介入によって助けることができたかもしれない民間人に対して、十分に有効な保護を与えることができず、結果として彼らを見捨てるという状況もまた想定される。

それでは、第二の問題はどうであろうか。これは第一の問題に依拠しており、第一の問題について完全な解決をすることが不可能であるとするならば、あまり意味をなさない。しかし、もし何らかの方法により多少なりとも、または部分的にでもジレンマが解決されるとするならば、その解決方法について検討する意義があるだろう。この前提に立ったうえで、次節では、ある民間人を保護するためにほかの民間人を犠牲にするというジレンマの解決方法を探るために、回復的正義の概念を援用して議論を進めることにしたい。ここでは、その前に保護する責任においてどのように民間人犠牲の問題が扱われることになるかを明らかにし、その限界を指摘するために、民間人保護を巡る「比例の原則(principle of proportionality)」について再度想い起してみよう。

すでに第二章で論じたように、「戦闘における正義(*jus in bello*)」における民間人保護の枠組みは、非戦闘員免除の原則と比例の原則によって成り立っている。[13] まず、非戦闘員免除の原則は、一九七七年ジュネーヴ条約第一追加議定書(ＡＰⅠ)における民間人の一般的保護(第五一条第一項)、民間人を直接攻撃の対象にすることの禁止(同第二項)、軍事目標と民間人や民間物を区別しない無差別攻撃の禁止(同第四項)に規定されている。また、比例の原則は一般的に攻撃手段とその結果得られる軍事的利益の均衡性という文脈で使われることが多いが、同議定書五一条第五項(b)では、付随的な民間人の生命の喪失や負傷、民間物の損害、またそれらを引き起すと予期される攻撃が、予測される具体的かつ直接的な軍事的利益に対して過度である場合について、それを無差別攻撃と規定している点において、民間人保護の法的枠組みにも適用されていると考えることができる。つまり、民間人保護における比例の原則は、軍事上の標的に対する攻撃が計画されているか、もしくは実際に遂行されるときに、予期される軍事的利益点が、攻撃によって引き起される民間人への付随的被害に対して釣り合ったものでなくてはならない、すなわち、紛争における民間人死傷者の絶対数と全死傷者に対する相対比率を制限するための原則として理解されるのが適切である。しかし、この原則は具体的な値や基準を提示していないため、広範な解釈や適用が可能になり、結果として政治的・軍事的な目的のために操作され、容易に濫用されてしまう危険性があるという問題点がある。

本節では、前節で示した保護する責任において書かれている武力介入の指針が、本質的には正戦論の焼き直しに過ぎないという議論を受け、民間人保護を巡ってそれらに共通する問題点について検討した。正戦論は、ある民間人を犠牲にしてほかの民間人を保護することのジレンマに対して比例の原則を用いる以上の答えを持たないが、これと同じことが保護する責任の枠組みにおける人道的武力介入についても言えるだろう。つまり、比例の原則を恣意的に解釈・適用することによって、政治的・軍事的目的に沿うように利用されるおそれがあるということである。ここで問題になるのは民間人犠牲者（攻撃により不正を被った人々）に対する正義の問題であろう。次節では民間人犠牲者と回復的正義の問題について検討する。

三　民間人犠牲者への回復的正義

保護する責任における武力介入の正当性の根拠に関する議論で欠落しているのは、人道的武力介入において最も深刻な問題は、武力行使によって民間人への犠牲が引き起されるという視点である。人道的な目的で武力介入を行ったとしても、民間人を保護するための軍事力行使は、直接的または間接的にほかの民間人の犠牲のうえに成り立っているという事実がある。被害や損害を受けた民間人は、絶対的大多数の民間人の保護という人道的武力介入の成功（つまり、正当化の根拠）に隠れた、忘れられた犠牲者である。もちろん、人道的武力介入を国際的な公共政策として見るならば、幾人かの民間人犠牲者と引換えに絶対的大多数の民間人を保護できたというのは成功であり、正当な行為と考えられるかもしれない。しかし、その場合、人道的武力介入における本質的な問題は、大多数のために少数が犠牲になることが正当化されるという点にあり、また彼らの犠牲が語られることが少ないという点にあると考えられる。

人道的武力介入において犠牲となった民間人は、不正を被った犠牲者である。なぜなら、人道の名のもとに行われた武力介入によって民間人が犠牲になることは、正義の概念に密接に関連した四つの要素とされる公正・平等・応報・権利[14]のうち、特に公正および応報の面において明らかに反しており、それ故に不正であると考えられるからである。公正および応報の見地から言えば、なぜ、ある民間人が保護される一方で、ほかの民間人が犠牲になるのかという問題が提示される。その理由は、人道的武力介入の対象となる全ての民間人は保護を享受する権利を等しく持っていると考えられるからである。

もし人道的武力介入において不正を被った（つまり、犠牲となった）民間人に対して介入国に過失責任があるとすれば、正義の概念から考えるに、介入国の政府は被害を受けた民間人の権利を擁護すること（つまり、事前に対策が取られなかったか、もしくは失敗した場合は事後的に）、軍事力行使が引き起した不正に対する回復的措置が求められることになろう。ここで問題となるのは、「回復的正義（restorative justice）」である。マーガレット・ウォーカーは回復的正義の役割について、以下のように述べている。「回復的正義は犠牲者の窮状を中心に考え、犠牲者が苦しんだ害悪を純粋に修復することに向けてのプロセスおよび結果を方向付ける」[15]。また、回復的正義という概念の狙いは、具体的には「被害者の必要とするものを認識し、真実の究明、謝罪、原状回復、または補償という手段での回復義務を加害者に課すことによって、関係を回復すること」にあるとされ、さらには国家や国際レベルにおいても同じ原理が働き、「真実究明委員会の設立や、被った政治的暴力に対処するための原状回復、教育、および記念プログラムを実施することに合理的妥当性を与える」ものであると主張している。*

* Margaret Urban Walker, *Moral Repairs* (Cambridge: Cambridge University Press, 2006), p. 15. ここで注意すべきは、これらの例は人種差別・人権侵害を起した圧政が終わった後の試みであり、回復的正義の概念は民間人犠牲者の問題をより広い射程としているが、ここでは民間人犠牲者に絞って論じる。

回復的正義が指示することは、加害者に過失責任があった場合には、被害者に対して何らかの復旧や補償をするということである。人道的軍事介入において介入軍が民間人を死傷させることに責任があるならば、介入した側の政府が犠牲となった民間人の権利を回復することが求められよう。それでは、どのような形で回復的措置が行われうるのであろうか。民間人犠牲者への回復的正義を実現する方法を検討するため、次節では、国際人道法の枠組みにおける民間人犠牲者への回復的正義を実現するに当たっての問題を概観し、この問題に対する法的アプローチが示唆するところと、その限界とを議論する。

四　民間人犠牲者に対する法的アプローチの限界

民間人犠牲者への回復的正義の問題を法的枠組みにおいて論じることには、国際人道法の適用範囲という点において限界がある。このことを明確にするために、民間人犠牲者を二つの集団――(1)介入軍により直接的・意図的に攻撃目標とされて殺害もしくは負傷させられた民間人犠牲者と、(2)軍事目標への攻撃の巻き添えとなって生じた民間人犠牲者――に分類して考えてみよう。前に見たように、国際人道法やそれに従って定められた軍内規によると、国家が法的責任を負うのは、その国に属する戦闘員による不法行為に止まる。つまり、法的責任を負うのは(1)の集団に対してである。民間人を意図的に攻撃した場合や無差別攻撃を行った場合は当然ながら法的責任を問われる。しかし、戦闘員や軍事施設といった合法的な目標を攻撃したことに付随して発生した被害である場合、民間人への被害が攻撃のもたらした軍事的利益に対して釣り合いが取れている――言い換えれば、軍事目標への攻撃において住民に過度な付随的被害を与えてはおらず、均衡が保たれている――ならば、その攻撃は不法行為とはされない。したがって、攻撃を行った側の国家は民間人の被害に関して法的責任を問われることはない。このことは、均衡が保たれている場合には、(2)の集団に対して、国家が法的責任を問われないことを意味する。この論理を敷衍すると、軍事目標を攻撃する際に民間人に巻き添えの被害を与えることは、それが比較的小規模である場合には合法であり、攻撃した側は補償に関しては法的責任を問われないという結論に導く。この点を省みるに、民間人犠牲者への回復的正義の問題を法的枠組みにおいて論じることには限界があるということが明らかとなるであろう。*

＊ このことは本文で論じたように必ずしも民間人の犠牲に対する復旧責任や補償の問題に対して、法的枠組みが意味を持たないということを意味するものではない。

本節では、保護する責任が民間人保護のための軍事介入において、その作戦原則の根拠となる国際人道法の枠組みについて批判的に検討した。たしかに、不法行為の結果としての民間人の被害に対して補償を規定する点において、国際人道法は回復的正義の概念をある程度まで体現していると見なすことができよう。しかし、法的アプローチの限界は、合法とされる攻撃において付随的に発生した民間人の被害に対する補償の規定がなされていない点にある。すなわち、紛争当事者は軍事的目標物への攻撃が正当と見なされる――つまり、①軍事目標を狙った攻撃であり、②その攻撃によって予測される軍事的利益が、予期される付随的な民間人への危害との均衡を満たすと見なされる――場合において、その攻撃の結果として付随的に引き起こされた民間人の被害に対して法的責任を負わないことになる。言い換えれば、国際人道法の枠組みにおいては、攻撃による民間人の被害が付随的かつ軍事的利益に釣り合っている場合、紛争当事者は民間人への補償を免除される。すると、国際人道法においては、正当と見なされる攻撃において被害を受けた民間人には、不正の是正や正義の回復の権利が保障されないということになる。

民間人保護における保護する責任の限界は、その枠組みに民間人犠牲者への回復的正義という概念が欠落している点にある。回復的正義についての考慮の欠如は、正当とされる攻撃の結果として生じた民間人の被害に対する補償が保護する責任ではまったく論じられていないことからも明らかである。保護する責任は、合法的とされる攻撃の犠牲となった民間人が、補償を受ける権利を無視していると解釈できるだろう。この点において、民間人保護を倫理的に正当化する枠組みとしての保護する責任の限界があると考えられよう。このことを踏まえたうえで、次節では人道的武力介入における民間人犠牲者の問題の解決策を模索し、新たな提案を行う。

五　人道的武力介入における民間人犠牲者の問題の解決方法

それでは、ある民間人を犠牲にしたうえでほかの民間人を保護するという、人道的武力介入が抱えるジレンマについての根本的な問題解決はありえないのであろうか。これまで議論してきたように、人道的武力介入は必然的に民間人犠牲者を生み出し、またそれなしには成り立たない活動である以上、いかなる場合においても武力によって民間人に危害を加えることは許されないという絶対的平和主義の立場においては、人道的武力介入を行うこと自体が論外であるし、そのため民間人保護の問題解決に結び付けることは不可能であろう。

しかしながら、不完全ではあるが、ある程度まで民間人犠牲者の問題を解決する方法、またはこの問題が引き起す困難を軽減する方法があるとすれば、犠牲者やその家族・親類への回復的措置を当事者に課すことが、有効な解決策の一つに考えられよう。具体的には、全ての民間人被害者への公式謝罪および公正な補償という方法が考えられる。重要なことは、介入軍により意図的に殺害されたか、または介入軍による合法的な攻撃の巻き添えになって死傷したかといった国際人道法や正戦論おける伝統的な線引きにとらわれず、全ての民間人犠牲者は等しく紛争の犠牲者として、その権利が擁護されることにある。言い換えれば、民間人が犠牲になった状況が問題なのではなく、人道的武力介入において犠牲になったということ自体を問題としてとらえ、不正により被害を受けた民間人犠牲者の権利を実質的に擁護することが、彼らが被った不正に対する正義を回復するのに大きな意味を持つと考えられる。なぜならば、意図的に殺害されることと、過失や巻き添えで死ぬこととの間に存在する違いよりも、どちらの場合も軍事力行使において理由なく犠牲になったという点のほうが重要だと考えられるからである。

それでは、人道的武力介入における民間人犠牲者に対して回復的正義を実施するためには、どのような手段が考えられるだろうか。ウォーカーは回復的措置を実現する方法として、「原状回復(restitution)」、「補償(compensation)」、「回復支援(rehabilitation)」、「充足および再発防止の保証(satisfaction and guarantees of non-repetition)」の四つの領域を国際的に認められている基準として挙げている。[16] これらの方法は武力紛争終息後における復興プロセスの一環として有効かつ有益であり、それら四つの領域全てについて犠牲者への対処が検討され、また実施されることが望まれる。実際、ウォーカーは最近の事例として、アパルトヘイト後の南アフリカにおける「真実および和解のための委員会(The Committee for Truth and Reconciliation)」や、東ティモールの「受容・真実・和解のための民族委員会(The National Commission for Reception, Truth, and Reconciliation)」を挙げている。[17]

人道的武力介入における民間人犠牲者への回復的正義を実施するための方法を検討する場合に注意しなければならないことは、以上に挙げた四点の基準を満たすためには、すでに紛争が終結していて、復興プロセスが機能する状況の存在が前提となることが多いという点である。しかしながら、人道的武力介入が行われている状況においても、回復的措置の実施が必要となる場合もあろうし、むしろ、介入に伴う人道上の問題、つまり民間人犠牲者の問題が起きたまさにそのときに、犠牲者への早急かつ公正な回復的正義の実現が求められる場合があるのではないだろうか。

では、武力介入が行われている状況下では、果たしてどのような回復的正義を実現する措置がありうるだろうか。武力紛争時に民間人犠牲者を擁護する具体的な方法は、現実的に考えると補償と限定された充足という二つに限られるかもしれない。その理由は、もし紛争継続中に回復的措置の実施がなされる場合、例えば誤爆によって破壊された家屋の原状回復をするための機会費用にかかわる問題にあるだろう。また、犠牲者や家族への回復支援をするためには、ある程度の時間と十分な人的・物的資源(例えば、医療スタッフや医療設備)が必要である。武力紛争という状況下においてそれらを確保すると同時に、効率的かつ持続的な回復支援システムを維持・運営することの実行可能性もまた問題となるだろう。おそらく最も現実的な解決策は、軍事作戦によって民間人または民間人所有物に被害が出た場合、被害者に対して介入国政府による公式な謝罪、ないしその被害に対して十分に見合った（または少なくとも、その場しのぎであっても何らかの）補償を行うということが考えられよう。謝罪および補償がともに行われる場合に、「公正な基準によって処遇されたという被害者自身の感覚を非常に高める」[18]という点において、この二つの回復的措置を肯定的に評価することができよう。

もちろん、補償の問題ひとつを考えても、実際に履行するに当たっては多くの課題が存在することは明らかである。被害額の算定に関して、どのような基準が適用されるべきなのかについて、統一基準を定めた方がよいのか、それとも戦場にいる司令官の裁量に任せるべきなのかという問題や、被害額を算定するための調査（例えば、被災地への立入りや被害者からの事情聴取や近隣住民への聞込み）が必要となった場合、物理面または安全面からのアクセス可能性といった問題が想定される。また、金銭的補償さえすればよいのかという問題や、クリストファー・カッツが指摘するように、「民間人犠牲者に対して不当に低い額の補償を行うことは、倫理的に齟齬がある」[19]という問題もあるだろう。しかし、それらの困難が補償という形での回復的措置を実施しないことを正当化する理由にならないことは、すでにこれまでの議論において明らかにされている。

回復的正義が履行される際において最も避けなくてはならないことは、言うまでもないが、形ばかりの謝罪や名目ばかりの補償さえなされれば、民間人を犠牲にしても何ら問題はないという誤った確信を政治・軍事指導者に抱かせることにある。犠牲者への回復的措置を人道的武力介入に伴う責任の一部として考え、またその責任を履行して初めて、人道的武力介入の人道性というものが明確になり、その正当性を主張する余地が生まれるということを、政治・軍事指導者は心に留めておくべきであろう。

まとめ

本章では保護する責任への建設的批判を行うために、この枠組みにおいて民間人保護の観点から最も問題となる、武力介入の問題に焦点を絞って検討してきた。対処する責任で書かれている武力介入における本質的な問題は、人道の名のもとに行使された軍事力により民間人が犠牲になることであり、人道的武力介入が民間人の犠牲を前提として行われるにもかかわらず、民間人犠牲者の権利を擁護することへの配慮が、その議論から欠如している点にあると論じた。また本章では、不正を被った民間人犠牲者に対して彼らの権利を何らかの仕方で擁護し、正義を回復するための一つの方法として回復的措置、具体的には謝罪と補償が考えられること、またその道徳的必要性を論じた。おそらく、人道的武力介入における根本的な問題――ある民間人の犠牲のうえにほかの民間人を保護すること――を完全に解決することはできないかもしれない。しかしながら、その問題解決に向けての努力を継続することは部分的にではあるが可能であり、また必要であることを示した。

我々は人間として、武力紛争という過酷な状況下に置かれている民間人を紛争から解放する義務があるのではないだろうか。もし武力行使が民間人を保護する唯一の選択肢であるならば、それを政策的に否定することはできないのかもしれない。しかし、それと同時に、我々は人道的武力行使によって犠牲になった民間人の権利を否定する立場にはない。もちろん、いかなる形であれ軍事力が行使されるならば、保護されるべき民間人を犠牲にすることは避けられない。万が一人道的武力介入が行われる場合、我々ができること、またなすべきことは、ある民間人を保護するために犠牲となった民間人の存在を忘れないことであり、また彼らの権利を擁護し、被った不正に対して正義を回復するための努力を継続することにあるだろう。それなくして人道的武力介入に多少なりとものの人道性を見出すことは非常に困難であり、人道的武力介入は政治的・軍事的撞着に過ぎない。保護する責任が措定する人道的武力介入に関する議論における、民間人保護を巡る倫理的諸問題を検討することにより、保護する責任は二一世紀の国際関係の指針としてさらに実り多いものとなるだろう。

むすびにかえて

本書ではこれまで正しい戦争があるか否かについて明確な言及を控えてきた、というより意図的に避けてきた。ただ、序章で述べたように、本書は、あらゆる戦争や戦闘は絶対悪であるという立場から距離を置くという前提で書かれたものである。正しい戦争があるか否かという問いはとてつもなく大きな問いであり、またその問題が提示する重要性は計り知れない。だからこそ、この問題を第一に扱うべきであるという意見はたしかに正しいだろう。しかし、正しい戦争があるか否かという問題は、これまで多くの哲学者や倫理学者が考えてきたにもかかわらず、未だに決定的な答えは見出されていないことから分かるように、非常にスケールの大きな問いである。またある意味でそれが理由となり、議論が政治的に利用される可能性があり、特定のイデオロギーの奴隷におとしめられることが危惧される。それ故に本書で正しい戦争については議論してこなかった。

さしあたり、筆者には全ての読者が納得できるような正しい戦争についての答えは用意できないものの、試論を提示するならば、次のようなものである。理念形として正しい戦争がありうることには肯定的であるが、実際に正しい戦争があるかどうかについては否定的である。もし正戦論を用いるのであれば、正戦論が提示する正戦のための要件全てを完全に満たしている戦争は、理念形として正しい戦争、というより、むしろ許容される戦争として考えることができるだろう。しかし、実際にそれらの基準を満たしている戦争の存在については、戦争の歴史を見るまでもなく、悲観的である。

このことは、我々の興味を、正しい戦争があるのかという戦争の正義の問題から、正しい戦闘はあるのか、またもしあるとすれば、どのようなものかという問いに導く。

正しい戦争が存在するか、またはその戦争が正しいか否かといった問いや価値判断にはコミットしない。正しい戦争か不正な戦争かにかかわらず、戦争で苦しむのは民間人であり、彼らが苦しむことを予防したり、また苦しみを取り除いたり、軽減・緩和することにこそ戦争における正義がある――これは赤十字国際委員会の立場に近いもので、筆者はこの立場に共感する。つまり、現在起っている、または将来起る戦争において、いかに正義を実現していくかについて考え、その理論的基礎付けを行うとともに、正義を実現・実施するための方策を探ることこそが、本書の狙いである。

本書で展開されてきた議論は現状追認・現状正当化であり、「正義」という名のもとに政治的保身を担保するための対症療法を提示しているだけに過ぎないという批判があるかもしれない。たしかに、本書では、どうすれば戦争をなくすことができるか、といった、より根源的な問題については触れてこなかった。もし戦争をなくすことができれば、世界はより幸せになるかもしれない。しかし、そのために数多くの取り組みがなされてきたにもかかわらず、今日に至るまで戦争がなくなることはなく、現在も世界各地で戦争が行われている。近い将来において戦争がなくなるという見込みに対し、筆者は悲観的である。それ故に、戦争が起った場合、その戦争が正しいか不正であるかにかかわらず、最も割を食うのは民間人であり、その保護こそ最も喫緊な問題であると考え、本書では民間人保護の倫理について論じてきた。正しい戦争であれ不正な戦争であれ、戦闘において民間人が不正を被ることは――その戦闘が公海上や無人の土地で行われるのでない限り――ほぼ不可避である。そうであるならば、不正を被った民間人犠牲者に対して彼らの権利を何らかの仕方で擁護し、正義を回復することを考え、また実現・実施することこそが攻撃をする側の責任であり、また義務であろう。この考えのもとに、第六章では、正義を回復していくためのひとつの方法として、具体的には謝罪と補償が考えられること、またその道徳的必要性を論じた。おそらく、人道的武力介入における根本的な問題である、ある民間人の犠牲のうえにほかの民間人を保護するというジレンマを完全に解決することはできないかもしれないが、その問題解決に向けての努力を継続することは部分的にではあるが可能であり、また必要であろう。

また、本書では第二章を中心に正戦論について批判的検討を行ったが、正戦論の問題の一つとして、戦争の正当化のために政治的に利用されるおそれがあることを指摘した。正戦論は、その呼び名から戦争を正当化するための枠組みとして理解されることがあるかもしれない。しかし、正戦論の主旨は戦争の正当化ではなく、戦争の防止と抑制にあることもすでに指摘したとおりである。正戦論を「「制」戦論(a theory of war restraint)」と理解することにより、正戦論が規定する付随的被害が許容される限界値が高く設定され、結果として戦闘の抑制に貢献することが望まれる。

これまで見てきたように、民間人保護を巡る倫理は戦争と平和を巡る倫理における重要な課題であり、さらに研究されることが望まれる。その理由を、筆者は次のように考えている。我々の生きている間において戦争はなくならないかもしれないし、もしそうであるならば、それらの戦争において民間人が犠牲になることは避けられないだろう。また我々自身が絶対に戦争に巻き込まれないという保障はどこにもない。もし戦争やそれによって引き起される民間人の犠牲が避けられないのであれば、いかにして犠牲を最小限に抑え、より手厚い保護を実施するかということを考えていくことこそが、我々の民間人の使命ではないだろうか。もしこれまでの議論が民間人保護の倫理を考えていくための一つの糸口を提供できたとすれば、本書の目的は達成されたと考えられる。

補論　正戦の基準

本書では正戦論について繰り返し言及したが、戦争の正・不正を判断する基準についての具体的な説明はしてこなかった。以下、現代正戦論において一般的に受け入れられている正戦の基準について簡単にまとめ、いくつかの論点を整理したうえで短いコメントを付す。

正戦の基準は二つの領域、つまり、「戦争の正義（*jus ad bellum*）」と「戦争における正義（*jus in bello*）」に分けられる。* ジェームズ・ターナー・ジョンソンによると、「戦争の正義」は「戦争をするに当たっての正当化に関する一連の概念の集まり」で構成されており、「戦争における正義」は「いったん始まってしまった戦争のなかで、その戦争の制限や限定をする」ことに関する一連の概念によって構成されている。[1] また、それぞれ二つの領域を構成する基準はそれぞれ六つと二つとされることが多い。一般的に取り上げられることの多い八つの正戦基準は以下の通りである。

* マイケル・ウォルツァーは著書のなかで第三の正義として「戦争後における正義（*jus post bellum*）」を挙げている。Michael Walzer, *Arguing about War* (New Haven: Yale University Press, 2004), p. 161. しかしながら、この正義——例えば、紛

争終結後の復興活動――はすでに戦争の正義の基準である「正しい意図」のなかに含まれていると解釈することができる。なぜなら、正しい意図の基準が指し示すのは平和の実現であり、戦後復興までを見すえていると解釈できるからである。

戦争の正義（*jus ad bellum*）
・正当な理由（just cause）
・正当な機関（legitimate/proper authority）
・正しい意図（right intention）
・最終手段（last resort）
・成功する見込み（reasonable prospect of success）
・比例性（proportionality）

戦争における正義（*jus in bello*）
・非戦闘員免除（noncombatant immunity）
・比例性（proportionality）

以上八つの正戦基準はそれぞれが独立しているものではなく、複雑に絡み合っており、いくつかの基準は互いに連動している。ある特定の戦争が正しい戦争として許容される場合、一般的な正戦論の解釈では、全ての基準を同時に満たしていなければならない。以下、それぞれの正戦基準について具体的に考察する。

一　戦争の正義

「戦争の正義」に分類される六つの正戦基準、すなわち正当な理由、正当な機関、正しい意図、最終手段、成功する見込み、比例性、の内容は次のとおりである。

1　正当な理由

一般的な現代正戦論では、戦争を起すには正当化されうる理由がなければならないことが、この基準における要件とされる。正当な理由を構成する要素は、①自衛、②懲罰、③復旧、④人権保護、の四点が考えられる。まず、自衛(つまり国土防衛)を武力行使の正当な理由に含むことについては、幅広く受け入れられている。自衛が戦争を起すための正当な理由と考えられていることは、国連憲章第五一条とも合致している。* また、第二次大戦後の国際連合体制下においては、集団防衛や集団安全保障が「自衛」の中核概念になってきた。[2] しかし、近年になって最も問題となるのは、二〇〇二年九月にブッシュ政権が発表した通称「ブッシュ・ドクトリン」と呼ばれる、先制的自衛権に基づく「先制軍事行動(pre-emptive action)[3]」や、広い意味での「予防戦争(preventive war)」が自衛を構成するかどうかに関してであり、議論の分かれるところである。

＊　本章では、しばしば国際法と照らし合わせて正戦論の検討を行うが、必ずしも国際法から正戦論の根拠付けを行おうとするものではない。逆に、国際法は正戦論の系譜から発展してきたものである。シドニー・ベイリーは、「倫理的概念としての」正戦論と「国際法の規範としての正戦論」との間に「綿密な関係」があるとしている。Sydney Dawson Bailey, *War and Conscience in the Nuclear Age* (Basingstok, MacMillan, 1987), p. 3.

第二点目と三点目にそれぞれ挙げた懲罰や復旧が、自衛と同じように正当な理由に入れられるかについては議論の余地がある。ジーン・ベスケ・エルシュテインやジョン・フィニスによると、現代のローマ・カトリック教会は正当な理由を自衛にだけ限っていると指摘している。[4] 逆に、リチャード・ハリーズは自衛に加えて懲罰や復旧が正当な理由として考えられると述べている。[5] また、ハリーズと同じように、ジョンソンは「伝統的な正戦論においては、自衛と並んで懲罰や復旧は正当な理由を構成する要件として考えられてきた」[6] と論じ、さらに「懲罰や復旧といった概念は国連憲章下の国際社会において自衛のなかに組み込まれている」と論じている。[7] これらは、条件付きながら懲罰や復旧が正当な理由のなかに組み込まれていると考えられることを示す。その条件とは、軍事行動が明らかに国連安全保障理事会決議に基づいているという点であり、また同時に、行為主体者が国家または国家連合であるという、次に検討する正当な機関の基準と結び付いていると考えられる。*

* この例は、一つの正戦基準が単独で成立するのではなく、ある基準の判断にはほかの基準とも照らし合わせて一緒に考えてみる必要があることを示している。正当な理由を考える際に必要となる例として、正しい意図の基準が考えられる。アントニー・コーテスは正当な理由の基準の問題は、交戦国による正当な理由の主張が「純粋に修辞的」であり、政府が内政的理由や対外拡張や帝国主義的目的のために戦争を利用するという濫用の可能性があることを、指摘している。Anthony J. Coates, *The Ethics of War* (Manchester: Manchester University Press, 1997), p. 162. それ故、コーテスは「「正当な理由」の有効性は、「正しい意図」の有無による」と論じている。*Ibid*., p. 161.

第四点目に挙げた人権の保護が正当な理由の基準を構成しうるかどうかに関しても議論がある。人権の保護に関してディビッド・ルーバンは、「社会的に根差している人権」、言い換えれば、生命権および基本的生活権の侵害は武力行使の正当な理由となりうると論じている。[8] また、マイケル・ウォルツァーも、「共同体や民族自決や「困難を極める闘争」といった言葉が皮肉かつ無関係に響くほどにまで人権蹂躙がひどい」ときには武力行使が人道的介入として正当化されうる、[9] つまり、正当な理由として考えられると論じている。同じように、ディビッド・フィッシャーも虐殺を例に挙げ、「それが限りなく最低限に抑えられるとするならば」という条件付きで、人権の保護のための武力行使を正当な理由に組み込むことを提案している。[10]

2　正当な機関

この基準における正当な機関とは歴史的には君主を指していた。[11] しかし、現代正戦論においては、戦争を執行する正当な機関は主に国家や国家集団とされており、また民族自決や圧制への抵抗という条件付きで、例外的に非国家政治組織も正当な機関として認められることがある。このことは国際法において非国家をも戦争当事者として想定していることからも推測されよう。* 第二次大戦後の国連体制下において特筆すべきことは、国連憲章第七章に基づく安保理決議によって、国家または国家集団に武力行使の権限が付与されるようになったことであろう。

＊　例えば、一九四九年ジュネーヴ条約第四追加議定書II（一九七七年）では、非国家の紛争当事者を指して「紛争当事者（parties to the conflict）」としている。

しかしながら、この基準においても、どの集団が正当に武力行使できる機関であるかに関しては論議がある。例えば、この基準の範囲を狭くとらえると、「〔個人による自衛以外の〕非国家による、また非公式な物理的強制力の行使全てを除外する」ことを意味し、結果として「事実上の政府を正当化することになり、また政治的な静態主義につながる」[12]と、コーテスは警告している。

3　正しい意図

この正戦基準は、戦争は正しい意図によってのみ遂行されなければならないということを意味する。この場合、戦争終結による平和の実現が唯一の正しい意図であるとされる。しかしながら、往々にして戦争には正しい意図以外に、国益に基づくほかの意図等が同時に存在することがある。このように、ある特定の戦争に正しい意図以外にほかの意図があった場合、果たしてこの基準を満たしているかどうかは議論がある。例えば、マイケル・シーゲルは、もし戦争において正しい意図とほかの意図とが並存した場合には、その戦争は正当な戦争と見なされないと述べている。[13] しかしながら、人道的介入と見なされる武力行使であっても、そこには虐殺を止めることや紛争を調停するというような平和の実現以外に、例えば、紛争継続の結果として生じうる自国内への難民の流入や紛争の飛び火を防ぐといった、平和の実現と国益とが混在していることが考えられる。また、国益と結び付いて執行された武力行使による人道介入が、結果として介入先の国において平和を実現した例が歴史的になかったかという問いについては、議論の余地を残す。*

＊ 例えば、インドによる東パキスタンへの武力介入は、正戦論の立場から正当化されうる人道的介入であると考えられることが多いが、その介入の背景にインドの国益がまったくなかったとは言い切れない。しかしながら、この介入の結果として東パキスタンでの殺戮が止められたという点において、平和が実現されたかという問いがあるとするならば、現在のイラクの状況とまったく異なり、肯定的に見ることができよう。例えば、ウォルツァーはこの立場を採る(Michael Walzer, *op.cit., Arguing about War*, p. 69)。

この正戦基準に関しては少なくとも二つの見解がある。ひとつは排他的解釈であり、もうひとつは許容的解釈である。正しい意図の正戦基準の排他的解釈は、マイケル・ドネランの言葉を借りれば、「戦争においては終始一貫して正義の実施と平和の構築以外の目的を持ってはならない」とされる。[14] なぜなら、ドネランいわく、「もしそれらが唯一の意図でないならば、欲や羨望や誇りやほかの情念に流され、正当性は問題視され、戦争の理由には嫌疑がかけられ、戦闘員と非戦闘員の区別や比例性〔といった正戦の条件を満たすために必要な要件〕は失われる」[15]

からである。しかしながら、実際の戦争においては武力行使をする主体の真の意図を見極めることは難しく、武力行使には何らかの利益が伴っていることが多いと思われる。

一方、正しい意図の正戦基準に関する二つ目の解釈である許容的解釈によると、武力行使の背後に何らかの国益が幾分でもあったとしたら、それはすなわち正しい意図の正戦基準に反し、その武力行使は正戦とは考えられないとは必ずしも言えないとされる。例えば、リチャード・ハリーズは、「国益の存在それ自体が、戦争が正しいという可能性を除外しない」と論じている。[16] 同じように許容的解釈の立場を採るコーテスは「正戦は公平無私であり、そこにはまったく利益がかかわらないという一般的な想定は、正戦論の伝統のなかにおいては共有されているものでない」と論じ、さらに「正義と利益は相互に排他的なものではなく……現実的な論点として、武力行使に存在する利益自体が正当なものであるかどうか、またそのような正当な利益が武力行使と関係しているかどうかにある」と論じている。[17]

4　最終手段

この基準は、武力行使はほかのあらゆる全ての平和的手段が失敗した後で、行われなければならないということを示している。この基準は、戦争を肯定するためにではなく、いかにある種の戦争や戦闘行為を禁止・抑制するかという正戦論の本義を支える重要な柱のひとつになっている。武力行使が「最終手段」でなければならないという正戦論における基準は、現代の国際法の枠組みにおいても、また我々の直感的感覚や一般的な認識とも、かなり合致すると考えられる。例えば、一九九一年湾岸戦争において、多国籍軍に武力行使の権限を付与した国連憲章第七章に基づく安保理決議第六七八号では、「全ての必要な手段を行使（この文脈では武力行使）」する前に、てとれよう。

「善意の印として（クウェートから自主撤退する）最後の機会を与えることを許可する」と記されていることからも見

5　成功する見込み

この基準は、戦争において、「手段（武力行使）が正当化されうる結果（平和の実現）をもたらす見込みついての、慎重かつ深慮による計算」[18]に基づいた、成功への合理的な見込みがあることを措定している。以上の定義からも明らかなように、この基準は正戦論における功利主義的要素を体現している。この功利主義的な正戦基準は、次に考察する「比例性」の基準と併せて論じられることが多い。例えば、ハリーズはこの基準を「「結果の比例性」という正戦基準の延長」[19]として考えている。また、フィッシャーは、成功する見込みの基準を比例性の基準の一部と見なしており、その理由を以下のように説明している。「戦争から生じうる利益と損害間の全体的なバランスの見積りは、必然的に、多様な想定されうる結果の可能性を考慮したうえで算出されなければならないものであり、それ故、成功する見込みを勘案しなくてはならない」[20]としている。同じように、コーテスもまた、成功する見込みの基準と結果の比例性の基準とが「連動している」[21]と論じている。

6　比 例 性

この正戦基準は、戦争における目的を達成するという便益と、それを遂行するために生じる害悪とが、釣り合いの取れたものでなくてはならないと規定する。言い換えれば、戦争によってもたらされる全ての害悪の合計が、その執行によって達成される全ての便益の合計を超えてはならないと規定する。この基準は正戦論のなかに明らかに功利主義的な考えが組み込まれていることの表明である。[22] 比例性の基準が示す内容は、侵略に対して領土を防衛するという戦争目的を遂行するための手段として、一部の軍事作戦地域における民間施設を徴用し軍事転用することと、占領地域の回復という戦争目的を遂行するための手段として敵領土内の都市に戦略核攻撃を行うこと、つまり前者の場合には釣り合いを達成する可能性はあるが、後者には全くないという点での違いに読みとれるであろう。前に成功する見込みの基準で論じたように、戦争の成功(つまり、平和の実現)において合理的な判断に基づいた見込みのあることが、比例性の基準を運用する前提となる。また、逆に、この基準は成功する見込みの基準に対して、どこまでが成功を正当化しうるかという問いを考えるための指針(つまり費用便益計算の必要性)を提示する。

二　戦争における正義

戦争における正義という項目において望まれることは、戦争中に、いかに戦闘における残虐さを抑制するかである。具体的には、ある種の戦闘や攻撃の手段や方法を制限したり禁止したりすることによって、その目的を達成させようとする。以下、戦争における正義を構成する二つの基準、非戦闘員免除と比例性について検討する。

1　非戦闘員免除

この正戦基準は、戦闘員と非戦闘員(民間人)を区別し、後者が攻撃の対象になってはならないことを定めている。しかしながら、現代の武力紛争において、戦闘員と民間人を区別することは難しいとされる。なぜなら、戦闘員であっても、一部のゲリラや準軍事的武装組織のように、非戦闘民間人の間に隠れて戦闘を行う集団がいる一方で、武装した民間人が軍事活動を行うこともあるからである。また、それればかりではなく、たとえ直接戦闘に参加していない民間人も、兵站物資の補給補助、武器工場での労働、戦闘員への物質的・道徳的協力といった様々な形で、間接的に戦争に参加していると見なされる場合がある。

たしかに、このように戦闘員と非戦闘民間人とを必ずしも明確には区別できないのは事実である。兵器廠で徴用され労働に従事している民間人の問題に始まり、現代では軍や民間企業の下請けとしてコンサルティングから実戦業務まで行う「民間軍事会社(Private Military Company)」の社員(つまり軍籍を持たずに軍の指揮統制下で戦争に従事する戦闘員)の問題や、また一般市民が自発的に人間の盾となって敵の攻撃から戦闘員や軍事施設を護る場合など、民間人が直接的・間接的に戦争に参加するケースは枚挙に暇がない。しかしながら、この非戦闘員免除の正戦基準は、大多数の明らかな非戦闘民間人を保護することを本義としているため、地位の不明確な個々人の存在がすなわちこの非戦闘員免除の正戦基準を無意味にするわけではないと考えられる。

2 比例性

この基準は、戦争の正義における比例性の基準と同じように、個々の攻撃における手段と目的との関係において、損害と便益との比例が取れて(釣り合って)いなければならない、つまり、軍事目標を攻撃する結果として生じる害悪が、もたらされる便益(軍事目標の無力化)を超えてはならないことを意味する。しかしながら、この基準は戦争全体において適用されるものではなく、戦争中における個々の戦闘行為において適用される。例えば、この基準によると、軍事的価値の低い目標を無力化する(便益)ために、それと比べて過大な程度にまで民間人や民間施設に危害（害悪）を与えてはならないとなる。この基準において問題となるのは、どの程度が比例として釣り合いが取れているかということである。この基準自体は、どの程度の便益と害悪が比例性の基準を満たすかに関する正確な数や比率はもとより、その見込みさえ提示しない。そのため、ベイリーの言葉を再度引用すると、比例の判断は「必然的に主観テスト」で、軍司令官よる難しい判断を要するものであり、「冷静なデカルト的（理性的）な計算」によってなされうるものである。[23]

あとがき

私が戦争と平和の倫理について考えるようになったのは、今から一三年以上前のことである。当時、大学で国際関係論を専攻し、将来のキャリアオプションとしてジャーナリストを真剣に考えていた私は、授業にも出ずに、カメラを提げてイラク、チェチェン、アフガニスタンといった紛争中や紛争後の国や地域を歩きまわっていた。なぜそんなことをしていたかというと、それは単純に戦争への好奇心からで、いまから思えば私は間違いなく非常に「危なっかしい大学生」であった。

戦争への「無邪気な」好奇心が戦争と平和の倫理についての学問的好奇心へと変わる契機となったのは、一九九八年の夏、ロンドンスクールオブエコノミックス(LSE)の夏季講義で履修した「戦争の抑制(Control of War)」という授業であった。このときに、戦争と規範との関係が研究対象となることを知った私は、それについてもっと「真剣に」勉強をしようと思い、大学院へ進学することにした。私の研究の方向を決定づけたのは、シカゴ大学大学院在学中にジーン・ベスキー・エルシュテイン教授と出会い、彼女から正戦論について手ほどきを受けたことにある。以来、これまで戦争と平和の倫理を研究活動の軸足としてきた。

本書は戦争と平和を巡る倫理的諸問題のうち、特に民間人保護の問題に焦点を当てている。その理由はすでにはしがきで述べたとおりであるが、もうひとつ付け加えるならば、民間人への直接攻撃を行うことの禁止は、戦争の倫理および戦闘の倫理を論じる際に絶対的な規範であるという信念を私が持っていることによる。この点については第一章である程度の見方を示すことができたと考える。ただし、私は確かに民間人への間接的攻撃について大きな危惧を抱いてはいるものの、必ずしもそれをも絶対的に禁止されるべきだと論じたいわけではない。誤解を恐れずにいえば、私の立場は「戦争の正義・不正義や正しい・不正な戦争というものは存在するかもしれないが、それは非常にとらえ難い。一方、戦闘における正義・不正義や正しい・不正な戦闘行為というものは厳として存在する」というものである。また、戦争の正義の問題について考えることも大切ではあるが、我々がより重視すべきなのは、戦争における正義について考えることだと私は確信している。正しい戦争であれ不正な戦争であれ、いずれにせよ戦闘が行われる場合には、重要なのはどのような戦闘行為が正しいものであるか（または不正ではないか）について検討し、議論することであろう。戦争自体を避けることや禁止することの重要性とは異なったレヴェルにおいて、いま起こっている戦闘行為の残虐性・非人道性が少しでも軽減されることが、私の願いである。本書がそれに向けて考えるための一つの道筋を提示できたとすれば幸いである。

あとがきを書いていて、ふと思い出したことがある。一九九七年一一月、私は、ヨルダンから陸路を東へ経済制裁下のイラクに入り、バグダッドを訪れた。そこで、教育関係の業界紙の「なんちゃって特派員」として市内中心部の中学校を訪問する機会があった。授業見学で、私の一番近くにいた女の子の机とノートを何気なく見たとき、彼女が描いたと思われる一枚の絵が私の目に飛び込んできた。その絵は、アメリカを擬人化したアンクルサムと、また同じようにイラクを擬人化した赤ん坊が描かれていた。赤ん坊は鎖に縛られて、アンクルサムにミルクを取り上げられて泣いている。私がその絵を見つめていることに気づいた先生は、女の子にその絵をプレセントするよううながし、彼女はその絵の描かれたノートのページを破って手渡してくれた。そのときの女の子のはにかんだような笑顔が忘れられない。

いま、あの女の子はどうしているのだろうか。もし当時彼女が描いた絵をいま見たらどう思うだろう。二〇〇三年のイラク戦争や現在のイラクの状況からすると、おそらく彼女を探すことはほぼ不可能だろうし、また探し当てたとしても、その絵のことを覚えていないかもしれない。もし会う機会があったとしても、ひょっとしたらその絵を見せない方がいいのかもしれない。もしその絵を見たら、果たして笑い飛ばすだろうか、それとも気を悪くするだろうか。絵は実家のどこかにしまってあるはずだが、いまはあえて探してみようとは思わない。

本書の出版にあたっては、北海道大学大学院文学研究科に、研究科叢書シリーズとしての出版助成をいただきました。また、草稿のクオリティチェックでお手を煩わせた広島大学大学院文学研究科の山内廣隆教授と北海道大学大学院文学研究科の小田博志准教授、執筆を陰ながら見守ってくださった同研究科応用倫理研究教育センター長の新田孝彦教授、執筆が行き詰ってやさぐれている私に手厚くモラルサポートしてくださった同センター運営委員の村松正隆准教授、脱稿後より刊行までのプロセスにおいて多くのご助言とご助力をいただいた北海道大学出版会の前田次郎氏、原稿を丹念に校正してくださった大前景子氏に対し、ここに感謝いたします。

二〇〇九年一一月　風花の舞う札幌にて

眞嶋俊造

北海道大学大学院文学研究科
研究叢書

1	ピンダロス研究 ——詩人と祝勝歌の話者——	安西　眞著	A5判・306頁 定価　8500円
2	万葉歌人大伴家持 ——作品とその方法——	廣川晶輝著	A5判・330頁 定価　5000円
3	藝術解釈学 ——ポール・リクールの主題による変奏——	北村清彦著	A5判・310頁 定価　6000円
4	海音と近松 ——その表現と趣向——	冨田康之著	A5判・294頁 定価　6000円
5	19世紀パリ社会史 ——労働・家族・文化——	赤司道和著	A5判・266頁 定価　4500円
6	環オホーツク海古代文化の研究	菊池俊彦著	A5判・300頁 定価　4700円
7	人麻呂の方法 ——時間・空間・「語り手」——	身﨑　壽著	A5判・298頁 定価　4700円
8	東北タイの開発と文化再編	櫻井義秀著	A5判・314頁 定価　5500円
9	Nitobe Inazo ——From *Bushido* to the League of Nations——	長尾輝彦編著	A5判・240頁 定価 10000円
10	ティリッヒの宗教芸術論	石川明人著	A5判・234頁 定価　4800円
11	北魏胡族体制論	松下憲一著	A5判・250頁 定価　5000円
12	訳注『名公書判清明集』官吏門・賦役門・文事門	高橋芳郎著	A5判・272頁 定価　5000円
13	日本書紀における中国口語起源二字漢語の訓読	唐　煒著	A5判・230頁 定価　7000円
14	ロマンス語再帰代名詞の研究 ——クリティックとしての統語的特性——	藤田　健著	A5判・274頁 定価　7500円

〈定価は消費税含まず〉

北海道大学出版会刊

眞 嶋 俊 造（まじま しゅんぞう）

北海道大学大学院文学研究科応用倫理研究教育センター准教授

主要論文

'Forgotten Victims of Military Humanitarian Intervention: A Case for the Principle for Reparation?', *Philosophia: Philosophical Quarterly of Israel* 37: 2 (2009), pp. 203-209.

「民間人保護に関する正戦論への建設的批判」『応用倫理』第1号，2009年3月，57-69頁

北海道大学大学院文学研究科 研究叢書 15

民間人保護の倫理――戦争における道徳の探求

2010年3月22日 第1刷発行

著 者 眞 嶋 俊 造

発行者 吉 田 克 己

発行所 北海道大学出版会

札幌市北区北9条西8丁目 北海道大学構内（〒060-0809）

Tel. 011(747)2308・Fax. 011(736)8605・http://www.hup.gr.jp/

アイワード/石田製本

ISBN978-4-8329-6726-7

注

はしがき

1　Mary Caldor, *New and Old Wars: Organized Violence in a Global Era* (Cambridge: Polity, 1999), p. 8.

2　マイケル・ウォルツァー（駒村圭吾・鈴木正彦・松元雅和訳）『戦争を論じる――正義のモラル・リアリティ』（風行社，2008 年）1 頁。

序　章　なぜ戦争倫理か？，なぜ民間人保護の倫理か？

1　「平成 17 年度以降に係る防衛計画の大綱について」（平成 16 年 12 月 10 日閣議決定），第 1 章。防衛省ウェブページ http://www.mod.go.jp/j/defense/policy/17taikou/taikou.htm

2　防衛省ウェブページ http://www.mod.go.jp/j/defense/policy/seisaku/index.html

3　http://www.mod.go.jp/j/defense/policy/seisaku/kihon01.htm

4　http://www.mod.go.jp/j/defense/policy/seisaku/kihon02.htm

5　http://www.mod.go.jp/j/defense/policy/seisaku/kihon03.htm

6　http://www.mod.go.jp/j/defense/policy/seisaku/kihon02.htm

7　http://www.mod.go.jp/j/defense/policy/seisaku/index.html

8　1977 年ジュネーブ条約第 1 追加議定書 51 条 3 項（International Committee of Red Cross: ICRC, *Commentary on the Additional Protocols of 8 June 1977 to the Geneva Conventions of 12 August 1949* (eds.) Yves Sandoz, Christophe Swinarski and Bruno Zimmermann, with Jean Pictet (Geneva: Martinus Nijhoff, 1987), p. 618）。

9　Geoffrey Best, *Humanity in Warfare: The Modern History of the International Law of Armed Conflict* (London: Weidenfield and Nicholson, 1980), p. 55.

10　第 1 次世界大戦以降における武力紛争での民間人犠牲者の数および戦闘員犠牲者に対する比率の歴史的増加傾向については以下を参照。Richard M. Garfield and Alfred I. Neugut, 'Epistemological analysis of warfare: a historical view', *Journal of American Medical Association*, 266: 5 (1991), pp. 688–692; Ruth Sivard, *World Military and Social Expenditures 1985* (Washington D.C.: World Watch Institute, 1985), p. 11.

11　David Southall and Kamran Abbasi, 'Protecting civilian from armed conflict: The UN Convention needs an enforcing arm', *British Medical Journal* 316 (1998), pp.

1549-1550; David R. Meddings, 'Civilians and war: a review and historical overview of the involvement of non-combatant populations in conflict situations', *Medical Conflict Survival* 17: 1 (2001), pp. 6-16.

12 Robert L. Homes, *On War and Morality* (Princeton, NJ: Princeton University Press, 1989).

13 John Howard Yoder, *When War is Unjust: Being Honest in Just-War Thinking* (Minneapolis: Augsburg Publishing, 1984).

第1章　民間人保護を正当化する根拠

1 例えば, Michael Walzer, *Just and Unjust Wars, 2nd ed.* (New York: Basic Books, 1992), p. 146; Thomas Nagel, 'War and Murder', in Marshall Cohen, Thomas Nagel and Thomas Scanlon (eds.), *War and Moral Responsibility* (Princeton, NJ: Princeton University Press, 1974), pp. 53-74 at p. 69.

2 Jeffrie G. Murphy, *Retribution, Justice and Therapy: Essays in the Philosophy of Law* (D. Reidel: Dordrecht, 1979), p. 6.

3 Geoffrey Best, *op. cit., Humanity in Warfare*, p. 260.

4 Hugo Slim, 'Why Protect Civilians? Innocence, Immunity and Enmity in War', *International Affairs* 79. 3 (2003), pp. 481-501 at p. 499.

5 Richard Shelly Hartigan, *The Forgotten Victim: A History of the Civilian* (Chicago: Precedent Publishing, 1982), p. 90.

6 Hugo Slime, *op. cit.,* 'Why Protect Civilians? Innocence, Immunity and Enmity in War', p. 499.

7 ICRC, *op. cit., Commentary on the Additional Protocols of 8 June 1977 to Geneva Conventions of 12 August 1949*, p. 615.

8 Jenny Teichman, *Pacifism and the Just War: A Study in Applied Philosophy* (Oxford: Basil Blackwell, 1986), pp. 63-68.

9 Gertrude E. M. Anscombe, 'war and Murder' in Gertrude E. M. Anscombe, R. A. Markus, P. T. Geach, Roger Smith and Walter Stein, *Nuclear Weapon and Christian Conscience* (London: Marlin Press, 1961), pp. 45-62 at p. 49.

10 Richard Shelly Hartigan, *op. cit., Forgotten Victims*, p. 35, 90.

11 Michael Walzer, *op. cit., Just and Unjust Wars*, p. 136.

12 *Ibid.*

13 Barrie Paskins and Michael Dockrill, *The Ethics of War* (London: Duckworth, 1979), p. 222.

14 *Ibid.*, p. 225.

15 UK Ministry of Defence, *The Manual of the Laws of Armed Conflict* (Oxford: Oxford University Press, 2004), p. 24.

第2章　正戦論における民間人保護

1 Jean Bethke Elshtain, *Just War against Terror: The Burden of American Power in a Violent World* (New York: Basic Book, 2004), p. 191.

2 マイケル・シーゲル「正当戦争 vs 正義の戦争——キリスト教正戦論の落とし穴」『宗教と倫理』第 3 号(2003 年)，21-42 頁中 29 頁。

3 Jean Bethke Elshtain, 'Just War as Politics: What the Gulf War Told Us About Contemporary American Life', in David E. Decosse (ed.), *But Was It Just?: Reflections on the Morality of the Persian Gulf War* (New York: Doubleday, 1992), pp. 43-60.

4 マイケル・シーゲル，前掲論文，35-37 頁。

5 Oliver O'Donovan, *The Just War Revisited* (Cambridge: Cambridge University Press, 2003), pp. 12-13.

6 *Ibid*.

7 James Turner Johnson, *Morality of Contemporary Warfare* (New Haven: Yale University Press, 1999), p. 25.

8 Jean Bethke Elshtain, *op. cit.,* 'Just War as Politics', p. 44n1.

9 Chris Brown, 'Selective Humanitarianism: In Defence of Inconsistency', in Deen K. Chatterjee and Don E. Scheid (eds.), *Ethics and Foreign Intervention* (Cambridge: Cambridge University Press, 2003), pp. 31-50 at p. 45.

10 Terry Nardin, 'Introduction', in Terry Nardin (ed.), *The Ethics of War and Peace: Religious and Secular Perspectives* (Princeton, NJ: Princeton University Press, 1996), pp. 3-12 at p. 9.

11 James Turner Johnson, *op. cit., Morality and Contemporary Warfare*, pp. 18-19.

12 *Ibid*.

13 Richard Harries, *Christianity and War in a Nuclear Age* (London: Mowbray, 1986), pp. 85-86.

14 *Ibid*., p. 86.

15 James Turner Johnson, *op. cit., Morality and Contemporary Warfare*, p. 18.

16 Sydney Dawson Bailey, *War and Conscience in the Nuclear Age* (Basingstoke, MacMillan, 1987), p. 3.

17 Richard Harries, *op. cit., Christianity and War*, p. 86.

18 William V. O'Brien, *The Conduct of Just and Limited War* (New York: Praeger, 1981), p. 45.

19 *Ibid*.

20 *Ibid*.

21 Sydney Dawson Bailey, *op. cit., War and Conscience in the Nuclear Age*, pp. 28-29.

22 Anthony A. J. Coates, *The Ethics of War* (Manchester: Manchester University Press, 1997), p. 182.

23 ICRC, *op. cit., Commentary on the Additional Protocols of 8 June 1977 to the Geneva Conventions of 12 August 1949*, p. 683.

24 *Ibid*., pp. 683-684.

25 Simon Jeffery, 'War may have killed 10,000 civilians, researchers say', *Guardian* (13/6/2003), p. 18.

26 Iraq Body Count database http://www.iraqbodycount.org/database/bodycount_all.php?ts=1149597599, accessed 6/6/2006.

27 Tim McGirk, 'One Morning in Haditha', *Time* (27/3/2006), p. 2; Suzanne Goldberg, 'Marines may face trial over massacre', *Guardian* (27/5/2006), http://www.guardian.co.uk/frontpage/story/0,,1784387,00.html, accessed 3/6/2006.

28 Paul Ramsey, *War and Christian Conscience: How shall Modern War be conducted justly?* (Durham, NC: Duke University Press, 1961), pp. 47–48.

29 *Ibid*.

30 Richard J. Regan, *Just War: Principle and Cases* (Washington D.C.: Catholic University Press, 1996), pp. 95–96.

31 John T. Noonan Jr., 'Three Moral Certainties', in J. Carl Ficarrotta (ed.), *The Leader's Imperative: Ethics, Integrity, and Responsibility* (West Lafayette, IN: Purdue University Press, 2001), pp. 3–14 at p. 10.

32 David Fisher, *Morality and Bomb: An Ethical Assessment of Nuclear Deterrence* (London: Croom Helm, 1985), p. 30.

33 C. A. J. (Tony) Coady, 'Escaping from the Bomb: Immoral Deterrence and the Problem of Extrication', in Henry Shue (ed.), *Nuclear Deterrence and Moral Restraint: Critical Choice for American Strategy* (Cambridge: Cambridge University Press, 1989), pp. 163–225 at p. 176.

34 David S. Oderburg, *Applied Ethics: A Nonconsequentialist Approach* (Oxford: Blackwell, 2000), p. 223.

35 Jean-Marie Henchaerts and Louise Doswald-Beck (eds.), *Customary International Humanitarian Law* (Cambridge: Cambridge University Press, 2005), p. 537.

36 UK Ministry of Defence, *op. cit., The Manual of the Law of Armed Conflict*, p. 418.

37 Andrew Johnson, Francis Elliott and Severin Carrell, 'Iraq Abuse Scandal: Ministry of Defence Accused of Buying Silence of Families' over Civilian Deaths', *Independent on Sunday* (20/6/2004), p. 13.

38 Ben Russell, 'UK offers payout for victims of Basra raid', *Independent* (12/10/2005), p. 23.

第3章　民間人保護はレトリックか？

1 Corinna Da Fonseca Wollheim, Janine Zacharia, David Rudge, and Herb Keinon, Philip Chein, 'Accidental Hero', *Jerusalem Post* (25/10/2002), p. 3.

2 Douglas Davis, 'Israel's UK embassy rebukes British chief rabbi', *Jerusalem Post* (29/8/2002), p. 3.

3 *Ibid*.

4 Harvey Morris, 'Israeli forces seize Ramallah in biggest offensive for 20 years: UN chief urges both sides to step back from disaster as Palestinians retaliate', *Financial Times* (13/3/2002), p. 1.

5 John Kifner, 'Israeli Surrounds Arafat Compounds in a Predawn Raid', *New York Times* (10/6/2002), p. A1.

6 Douglas Davis, 'Blair: Mideast situation is ugly', *Jerusalem Post* (2/11/2002), p. 1.

7 John Kifner, 'Israeli Bury 6 Terror Victims as Angry Cabinet Meets', *New York Times* (30/5/2002), p. A8.

8 Khaled Abu Toameh, 'Arafat: Attack on settlers are acts of self-defense', *Jerusalem Post* (10/12/2002), p. 2.

9 John Kifner, 'Gaza Mourns Bombing Victims: Israel Hastens to Explain', *New York Times* (24/7/2002), p. A6.

10 Suzanne Goldberg, 'UN anger at killing of children', *Guardian* (25/7/2002), http://www.guardian.co.uk/GWeekly/Story/0,,762311,00.html, accessed 26/6/2007.

11 John Ward Anderson and Molly Moore, 'Palestinian Vow revenge After Gaza Missile Strike: Militants Said to Be Poised for Truce Before Hamas Figure, 14 Others Died', *Washington Post* (24/7/2002), p. A13.

12 John Kifner, *op. cit.,* 'Gaza Moruns Bombing Victims'.

13 David Rudge, 'Shehadeh was planning mega-attack', *Jerusalem Post* (26/7/2002), p. 2A.

14 *Ibid*.

15 Stephen Darwall, *Consequentialism* (Oxford: Blackwell, 2003), p. 1.

16 Jonathan Glover, *Causing Death and Saving Lives* (London: Penguin, 1977), p. 279.

17 John Ward Anderson and Molly Moore, 'Jerusalem Hit Again by Blast: In Response, Israeli Expands Seizures of Palestinian Areas', *Washington Past* (20/7/2002), p. A1.

18 Graham Usher, 'Gunmen kill four settlers in road attacks: Hebron shootings claim three family members, including a child, as fury rages over Gaza raid', *Guardian* (27/7/2002), p. 15.

19 David Rudge, *op. cit.,* 'Shehadeh was planning mega-attack'.

20 Lamia Lahoud, 'Arafat orders forces to fight terror', *Jerusalem Post*, (9/5/2002), p. 2.

21 Phil Reeves, 'Hamas Waits Defiantly as Israel Plots its Revenge', *Independent* (25/7/2002), p. 11.

22 *Ibid*.

23 John Kifner, 'Death on the Campus: The Bombers; Hamas Says It regrets American Toll in Attack, But hails Bombing as Success', *New York Times* (2/8/2002), p. A10.

24 *Ibid*.

25 Margot Dudkevitch, 'Hamas vows to avenge killing of top terrorist', *Jerusalem Post* (24/7/2002),p. 8.

26 Suzanne Goldenberg, 'Bomb kills seven at university: three US citizens among dead after Hamas attack', *Guardian* (1/8/2002), p. 2.

27 Suzanne Goldenberg, 'Bomb kills seven at university: Hamas attacks mixed campus in revenge for assassination', *Guardian* (1/8/2002), p. 2.

28 Justin Huggler, 'Murder in campus: Bombing of university dining hall leaves 7 dead and 70 injured', *Independent* (1/8/2002), p. 1.

29 Suzanne Goldenberg, 'The man behind the suicide bombs: Every death is the

product of a well-oiled killing machine', *Guardian* (12/6/2002), p. 12.

30 Daniel P. Schoenecase, 'Targeting Decisions Regarding Human Shields', *Military Review* (September-October, 2004), pp. 26–31 at p. 26.

31 *Ibid*.

32 Chris McGreal and Duncan Campbell, 'Israeli army bulldozer crushes US peace activist in Gaza Strip', *Guardian* (17/3/2003), p. 2, http://www.guardian.co.uk/international/story/0,,915711,00.html, accessed 12/6/2007.

33 Conal Urquhart, 'Israeli report clears troops over US death: Peace activist killed by bulldozer acted "illegally and dangerously"', *Guardian* (14/4/2003), p. 12.

34 Audrey Gillan, 'UK activist returns from Israel in coma', *Guardian* (20/5/2003), http://www.guardian.co.uk/israel/Story/0,,966860,00.html, accessed 12/6/2007.

35 Coral Urquhart, 'Eight year jail term for Israeli who shot Briton', *Guardian* (12/8/2005), p. 11, http://www.guardian.co.uk/international/story/0,,1547443,00.html, accessed 12/6/2007.

36 Donald MacIntyre, 'Inquiry after Israeli Forces caught using Boy as Shield', *Independent* (24/5/2004).

37 *Ibid*.

38 Amnesty International, *Without distinction: attacks on civilians by Palestinian armed groups* (MDE 02/003/2002), p. 24.

39 B'Tselem, Press Release, 'IDF is Responsible for Death of "Human Shield"' (B'Tselem: Jerusalem, 14/8/2002).

40 Stephen Farrell, 'Israel's "human shield" is killed', *Times* (16/8/2002), p. 18.

41 Amnesty International, *op. cit., Without distinction*, p. 25.

42 Orly Halpern, "Human Shield' ruled out: Israel court forbid 'neighbour procedure", *Globe and Mail* (7/10/2005), p. A14.

43 Suzanne Goldenberg, 'Sharon hails raid as great success: International criticism of attack that killed 9 children', *Guardian* (24/7/2002), p. 1.

44 Article 28 of the Forth Geneva Convention of 1949 reads: 'The presence of a protected person may not be used to render certain points or areas immune from military operations'.

45 Editorial, 'Annihilate Hamas', *Jerusalem Post* (5/8/2002), p. 6.

46 http://www1.idf.il/DOVER/site/mainpage.asp?sl=EN&id=32, accessed 21/6/2007.

第４章　戦争における正義・効用・民間人保護

1 David Hume, *Treatise of Human Nature*, (ed.) L. A. Selby-Bigge (Oxford: Clarendon Press, 1888), pp. 478–496.

2 *Ibid*., p. 478.

3 *Ibid*.

4 *Ibid*., pp. 479–483.

5 *Ibid*., p. 488.

6 *Ibid*., pp. 495–496.

7 David Hume, *Enquiries concerning the Human Understanding and concerning the Principle of Morals*, 2nd ed. (ed.) L. A. Selby-Bigge (Oxford: Clarendon, 1892), p. 183.

8 *Ibid*., pp. 203-204.

9 David Hume, *op. cit., Treatise of Human Nature*, pp. 486-487.

10 *Ibid*., p. 490.

11 R. B. Brandt, 'Utilitarianism and the Rules of War', *Philosophy and Public Affair* 1: 2 (1972), pp. 145-65 at p. 150.

12 *Ibid*., p. 152.

13 David Hume, *op. cit., Enquiries*, p. 199.

14 *Ibid*., p. 187.

15 John L. Mackie, *Hume's Moral Theory* (London: Routledge and Kegan Paul, 1980) p. 115.

16 David Hume, *op. cit., Enquiries concerning the Human Understanding and concerning the Principle of Morals*, pp. 187-188.

17 *Ibid*.

18 John L. Mackie, *op. cit., Hume's Moral Theory*, p. 113.

19 Frederick J. P. Veale, *Advance to Barbarism: The Development of Total Warfare from Sarajevo to Hiroshima* (London: Mitre Press, 1968), p. 23.

20 David Hume, *op. cit., Treatise of Human Nature*, p. 580.

21 *Ibid*., 3.2.2., 22. p. 497.

22 *Ibid*., pp. 497-498.

23 George I. Mavrodes, 'Conventions and the Morality of War', *Philosophy and Public Affairs*, vol. 4, no. 2 (1975), pp. 117-131 at p. 130.

24 *Ibid*.

25 1977年ジュネーブ第1追加議定書96条。

26 http://www.hartford-hwp.com/archives/54a/036.html, accessed 24/11/2006.

27 Stanley Hoffmann, 'Ethics and Rules of the Game between the Superpowers', in Louis Henkin et al., *Right V. Might: International Law and the Use of Force* (New York: Council of Foreign Relations, 1991), pp. 71-93 at p. 73.

28 *Ibid*.

29 *Ibid*.

30 David Hume, *op. cit., Enquiries concerning the Human Understanding and concerning the Principle of Morals*, p. 187.

31 *Ibid*., pp. 283-284.

32 R. B. Brandt, *op. cit.,* 'Utilitarianism and the Rules of War', p. 147n3.

33 *Ibid*.

第5章　民間人保護と軍事専門職倫理

1 Jonathan Glover, *Humanity: A Moral History of the Twentieth Century* (London: Jonathan Cape, 1999), pp. 35-36.

2 UK Army, *The Values and Standards of the British Army: Commanders'*

Edition (Army Code No 63813, 2000), p. 11, para. 18.

3 UK Army, *Soldiering: The Military Covenant* (Army Doctrine Publication Vol. 5: GD&D/18/34/71 Army Code No 71642, February 2000), ch.3, para.12, http://www.army.mod.uk/servingsoldier/usefulinfo/valuesgeneral/adp5milcov/ss_hrpers_values_adp_5_0_w.html, accessed 13/1/2007.

4 UK Army, *op. cit., Soldiering*, ch. 3, para. 12.

5 UK Army, *op. cit., The Values and Standards of the British Army: Commanders' Edition*, p. 11, para. 18.

6 UK Army webpage; http://www.army.mod.uk/servingsoldier/usefulinfo/values_and_standards/index.htm, accessed 13/1/2007.

7 UK Army, *The Values and Standards of the British Army: Soldiers' Edition* (Army Code No 63812, D/DPS(A)/3/290/PS2(A), 2000).

8 John Keegan, *War and Our World: Reith lecture 1998* (London: Pimlico, 1999), p. 50.

9 Michael Walzer, 'World War II: Why Was This War Different?', in Michael Cohen, Thomas Nigel and Thomas Scanlon (eds.), *War and Moral Responsibility* (Princeton, NJ: Princeton University Press, 1974), p. 103.

10 Thomas Nagel, 'Ruthlessness in Public Life', in Stuart Hampshire (ed.), *Public and Private Morality* (Cambridge: Cambridge University Press, 1978), pp. 75–91 at p. 84.

11 *Ibid*., p. 90.

12 Jacques van Doorn, 'The military and the Crisis of Legitimacy', in Gwyn Harries-Jenkins and Jacques van Doorn (eds), *The Military and the Problem of Legitimacy* (London: Sage, 1976), pp. 17–39 at p. 32.

13 *Ibid*.

14 UK Army, *op. cit., The Values and Standards of the British Army: Commanders' Edition*, p. 3.

15 UK Army, SO1 Leadership Development, RMAS (Royal Military Academy Sandhurst), *Soldier Management: A Guide for Commanders* (Army Code No. 64286, 2004), p. 3.

16 Thomas G. Weiss and Cindy Collins, *Humanitarian Challenges and Intervention*, 2nd ed. (Boulder: Westview Press, 2000), p. 112.

17 Patrick Mileham, *Value, Values, and the British Army: A Seminar Report* (Edinburgh: Institute for Advanced Studies in Humanities, University of Edinburgh, 1996); Patrick Mileham, 'Military Ethics: Questions for a New Chapter', in Patrick Mileham (ed.), *War and Morality* (London: Royal United Services Institute, 2004), pp. 157–164, at p. 162.

18 UK Army, *op. cit., Soldiering*, ch. 1, para. 1.

19 *Ibid*.

20 Geoffrey Best, *War and Law Since 1945* (Oxford: Clarendon Press, 1994), p. 335.

21 Thomas G. Weiss and Cindy Collins, *op. cit., Humanitarian Challenges and Intervention*, p. 123.

22 John Keegan, *op. cit., War and Our World*, p. 59.

23 Nicholas Fotion and Gerard Elfstrom, *Military Ethics: Guidelines for Peace and War* (Boston, MA: Routledge & Kegan Paul, 1986), p. 75.

24 *Ibid*., p. 66.

25 George Lee Butler, 'Some Personal Reflections on Integrity', in Carl Ficarrotta (ed.), *The Leader's Imperative: Ethics, Integrity, and Responsibility* (West Lafayette, IN: Purdue University Press, 2001), pp. 73-83 at pp. 81-82.

26 *Ibid*.

27 Nicholas Fotion and Gerard Elfstrom, *op. cit., Military Ethics*, p. 83.

28 Patrick Mileham, *Ethos: British Army Officership 1962-1992: The Occasional Number 19* (Camberley, Strategic and Combat Studies Institute, 1996), p. 14.

29 *Ibid*.

30 UK Army, SO1 Leadership Development, RMAS, *Soldier Management: A Guide for Commanders* (MoD, 2004), p. 24.

31 Nicholas Fotion and Gerard Elfstrom, *op. cit., Military Ethics*, p. 73.

32 Richard Holmes, *Firing Line* (London: Jonathan Cape, 1985), pp. 366-367.

33 *Ibid*.

34 *Ibid*.

35 *Ibid*.

36 Nicholas Fotion and Gerard Elfstrom, *op. cit., Military Ethics*, p. 73.

37 *Ibid*.

38 *Ibid*.

39 Sydney Axinn, *A Moral Military* (Philadelphia: Temple University Press, 1989), p. 169.

40 例えば，British Medical Association, *Rights and Responsibilities of Doctors* (London: BMJ Publishing, 1992).

41 Michael Ignatieff, 'Handcuffing the military?: Military judgment, rules of engagement and public scrutiny', in Patrick Mileham and Lee Willett (eds.), *Military Ethics for the Expediency Era* (London: Royal Institute of International Affairs, 2001), pp. 25-32 at p. 31.

42 UK Army, *op. cit., Soldiering*. ch. 1, para. 8.

43 1977 年ジュネーブ第 1 追加議定書 83 条。

44 Sydney Axinn, *op. cit., A Moral Military*, pp. 164-165.

45 Lee Hockstader, 'Petition by Reservists Condemns West Bank and Gaza Occupations', *International Herald Tribune*, (29/1/2002), p. 1.

46 Kenneth M. Boyd (ed), *The Ethics of Resource Allocation in Health Care* (Edinburgh: Edinburgh University Press, 1979), p. 95.

第 6 章　民間人を保護する責任

1 International Commission on Intervention and State Sovereignty, *The Responsibility to Protect: Report of the International Commission on Intervention and State Sovereignty* (Ottawa: International Development Research Centre, 2001).

2 Alex Bellamy, *Just Wars: From Cicero to Iraq* (Cambridge: Polity, 2006), p. 221.

3　正戦論の枠組みについては，James Turner Johnson, *op. cit., Morality and Contemporary Warfare*, pp. 27–38 参照。
4　International Commission on Intervention and State Sovereignty, *The Responsibility to Protect: Research, Bibliography, Background*(Ottawa: International Development Research Centre, 2001).
5　James Turner Johnson, *op. cit., Morality and Contemporary Welfare*, pp. 28–29.
6　*Ibid*., p. 75.
7　*Ibid*., pp. 73–74.
8　David Luban, 'Just War and Human Rights', *Philosophy & Public Affairs,* 9: 2 (1980), pp. 160–181
9　James Turner Johnson, *op. cit., Morality and Contemporary Warfare*, p. 36.
10　Alex Bellamy, *op. cit., Just Wars*, p. 132.
11　Michael Walzer, *Arguing About War* (New Haven: Yale University Press, 2004), p. 28.
12　*Ibid*., pp. 28–29.
13　Michael Byers, *War Law: Understanding International Law and Armed Conflict* (New York: Grove Press, 2005), pp. 115–126.
14　William Shaw, *Contemporary Ethics: Taking Account of Utilitarianism* (Oxford: Blackwell, 1999), pp. 217–218.
15　Margaret Urban Walker, *Moral Repairs* (Cambridge: Cambridge University Press, 2006), p. 217.
16　*Ibid*., p. 11n8.
17　*Ibid*., pp. 14–15.
18　*Ibid*., p. 216.
19　Christpher Kutz, 'Justice and Reparations: The Cost of Memory and the Value of Talk', *Philosophy and Public Affairs* 32: 3 (2004), pp. 277–312, at p. 292.

補　論　正戦の基準

1　James Turner Johnson, *Just War Tradition and the Restraint of War* (Princeton, NJ: Princeton University Press, 1981), pp. xxii–xxiii.
2　マイケル・シーゲル，前掲論文，30 頁。
3　US Government, *National Security Strategy of the United States of America* (Washington DC, September 2002), p. 15.
4　Jean Bethke Elshtain, *Women and War* (New York: Basic Books, 1987), pp. 152–154; John Finnis, 'The Ethics of War and Peace in the Catholic Natural Law Tradition', in Terry Nardin (ed.), *The Ethics of War and Peace: Religious and Secular Perspectives* (Princeton, NJ: Princeton University Press, 1996), pp. 15–39 at p. 26.
5　Richard Harries, *op. cit., Christianity and War in a Nuclear Age*, p. 65.
6　James Turner Johnson, *op. cit., Morality and Contemporary Warfare*, pp. 26–27.
7　*Ibid*., pp. 29–31.
8　David Luban, *op. cit.,* 'Just War and Human Rights', p. 174.

9 Michael Walzer, *op. cit., Just and Unjust Wars*, p. 90.
10 David Fisher, *op. cit., Morality and Bomb*, p. 23.
11 James Turner Johnson, *op. cit., Morality and Contemporary Warfare*, p. 31.
12 Anthony J. Coates, *op. cit., The Ethics of War*, p. 128.
13 マイケル・シーゲル，前掲論文，29 頁。
14 Michael Donelan, 'Minimum Force in War', *International Relations*, 12: 5 (August, 1995), pp. 37–45 at p. 37.
15 *Ibid*.
16 Richard Harries, 'The path to a just war', *Independent* (31/10/1990), p. 19.
17 Anthony J. Coates, *op. cit., The Ethics of War*, p. 162.
18 James Turner Johnson, *op. cit., Morality and Contemporary Warfare*, p. 29.
19 Richard Harries, *op. cit., Christianity and War in a Nuclear Age*, p. 65.
20 David Fisher, *op. cit., Morality and Bomb*, p. 24.
21 Anthony J. Coates, *op. cit., The Ethics of War*, p. 179.
22 Francis V. Harbour, *Thinking about International Ethics: Moral theory and cases from American foregin policy* (Boulder: Westview, 1999), p. 122.
23 Sydney Dawson Bailey, *op. cit., War and Conscience in the Nuclear Age*, pp. 28–29.

参考文献

著　書

〈欧　文〉

Anscombe, Gertrude E. M., 'War and Murder' in G. E. M. Anscombe, R. A. Markus, P. T. Geach, Roger Smith and Walter Stein, *Nuclear Weapons and Christian Conscience* (London: Marlin Press, 1961), pp. 45-62.

Anscombe, Gertrude E. M., R. A. Markus, P. T. Geach, Roger Smith and Walter Stein, *Nuclear Weapons and Christian Conscience* (London: Marlin Press, 1961).

Axinn, Sydney, *A Moral Military* (Philadelphia: Temple University Press, 1989).

Bailey, Sydney Dawson, *War and Conscience in the Nuclear Age* (Basingstoke, MacMillan, 1987).

Beitz, Charles, Marshall Cohen, Thomas Scanlon and John Simmons (eds.), *International Ethics* (Princeton, NJ: Princeton University Press, 1985).

Bellamy, Alex, *Just Wars: From Cicero to Iraq* (Cambridge: Polity, 2006).

Berry, Nicholas O., *War and the Red Cross: The Unspoken Mission* (Basingstoke, MacMillan, 1997).

Best, Geoffrey, *Humanity in Warfare: The Modern History of the International Law of Armed Conflict* (London: Weidenfield and Nicholson, 1980).

——, *War and Law since 1945* (Oxford: Clarendon Press, 1994).

Boyd, Kenneth M. (ed), *The Ethics of Resource Allocation in Health Care* (Edinburgh: Edinburgh University Press, 1979).

Brandt, R. B., 'Utilitarianism and the Rules of War', *Philosophy and Public Affair* 1: 2 (1972), pp. 145-165.

British Medical Association, *Rights and Responsibilities of Doctors* (London: BMJ Publishing, 1992).

Brough, Michael W., John W. Lango and Harry van der Linden (eds.), *Rethinking the Just War Tradition* (Albany: State University of New York Press, 2007).

Brown, Chris, 'Selective Humanitarianism: In Defence of Inconsistency', in Deen K. Chatterjee and Don E. Scheid (eds.), *Ethics and Foreign Intervention* (Cambridge: Cambridge University Press, 2003), pp. 31-50.

Butler, George Lee, 'Some Personal Reflections on Integrity', in Carl Ficarrotta (ed.), *The Leader's Imperative: Ethics, Integrity, and Responsibility* (West Lafayette, IN: Purdue University Press, 2001), pp. 73-83.

Byers, Michael, *War Law: Understanding International Law and Armed Conflict* (New York: Grove Press, 2005).
Caldor, Mary, *New and Old Wars: Organized Violence in a Global Era* (Cambridge: Polity, 1999).
Chatterjee, Deen K. and Don E. Scheid (eds.), *Ethics and Foreign Intervention* (Cambridge: Cambridge University Press, 2003).
Coady, C. A. J. (Tony), 'Escaping from the Bomb: Immoral Deterrence and the Problem of Extrication', in Henry Shue (ed.), *Nuclear Deterrence and Moral Restraint: Critical Choice for American Strategy* (Cambridge: Cambridge University Press, 1989), pp. 163–225.
Coates, Anthony J., *The Ethics of War* (Manchester: Manchester University Press, 1997).
Cohen, Marshall, Thomas Nigel and Thomas Scanlon, (eds.), *War and Moral Responsibility* (Princeton, NJ: Princeton University Press, 1974).
Cook, Martin, The *Moral Soldiers: Ethics and Service in the U.S. Military* (Albany, NY: State University of New York, 2004).
Coppieters, Bruno and Nick Fotion (eds.), *Moral Constraints on War* (Lanham, MD: Lexington Books, 2002).
Darwall, Stephen, *Consequentialism* (Oxford: Blackwell, 2003).
Decosse, David E. (ed.), *But Was It Just?: Reflections on the Morality of the Persian Gulf War* (New York: Doubleday, 1992).
Donelan, Michael, *Elements of international Political Theory* (Oxford: Clarendon Press, 1990).
——, 'Minimum Force in War', *International Relations*, 12: 5 (August, 1995), pp. 37–45.
Dower, Nigel, *World Ethics: The New Agenda* (Edinburgh: Edinburgh University Press, 1998).
Elshtain, Jean Bethke, *Women and War* (New York: Basic Books, 1987).
——, 'Just War as Politics: What the Gulf War Told Us About Contemporary American Life', in David E. Decosse (ed.), *But Was It Just?: Reflections on the Morality of the Persian Gulf War* (New York: Doubleday, 1992), pp. 43–60.
——, *Just War against Terror: The Burden of American Power in Violent World* (New York: Basic Book, 2004).
Ficarrotta, J. Carl, *The Leader's Imperative: Ethics, Integrity, and Responsibility* (West Lafayette, IN: Purdue University Press, 2001).
Finnis, John, 'The Ethics of War and Peace in the Catholic Natural Law Tradition', in Terry Nardin (ed.), *The Ethics of War and Peace: Religious and Secular Perspectives* (Princeton, NJ: Princeton University Press, 1996), pp. 15–39.
Fisher, David, *Morality and Bomb: An Ethical Assessment of Nuclear Deterrence* (London: Croom Helm, 1985).
Fotion, Nicholas and Gerard Elfstrom, *Military Ethics: Guidelines for Peace and War* (Boston, MA: Routledge & Kegan Paul, 1986).
Garfield, Richard M. and Alfred I. Neugut, 'Epistemological analysis of warfare: a

historical view', *Journal of American Medical Association*, 266:5 (1991), pp. 688-692.

Glover, Jonathan, *Causing Death and Saving Lives* (London: Penguin, 1977).

——, *Humanity: A Moral History of the Twentieth Century* (London: Jonathan Cape, 1999).

Graham, Gordon, *Ethics and International Relations*, (Oxford: Blackwell, 1997).

Hampshire, Stuart (ed.), *Public and Private Morality* (Cambridge: Cambridge University Press, 1978).

Harvour, Francis V., *Thinking about International Ethics: Moral theory and cases from American foregin policy* (Boulder: Westview, 1999).

Harries, Richard, *Christianity and War in a Nuclear Age* (London: Mowbray, 1986).

Harries-Jenkins, Gwyn, and Jacques van Doorn (eds.), *The Military and the Problem of Legitimacy* (London: Sage, 1976).

Hartigan, Richard Shelly, *The Forgotten Victims: A History of the Civilian* (Chicago: Precedent Publishing, 1982).

Hartle, Anthony E., 'Discrimination', in Bruno Coppieters and Nick Fotion (eds.), *Moral Constraints on War* (Lanham, MD: Lexington Books, 2002), pp141-158.

——, *Moral Issues in Military Decision Making* 2nd ed. (Lawrence, KS: University Press of Kansas, 2004).

Henchaerts, Jean-Marie and Louise Doswald-Beck (eds.), *Customary International Humanitarian Law* (Cambridge: Cambridge University Press, 1989).

Henkin, Louis, et al., *Right V. Might: International Law and the use of Force* (New York: Council of Foreign Relations, 1989).

Hoffmann, Stanley, 'Ethics and Rules of the Game between the Superpowers', in Louis Henkin, et al., *Right V. Might: International Law and the use of Force* (New York: Council of Foreign Relations, 1989), pp. 71-93.

Holmes, Richard, *Firing Line* (London: Jonathan Cape, 1985).

Homes, Robert L., *On War and Morality* (Princeton, NJ: Princeton University Press, 1989).

Hume, David, *Treatise of Human Nature,* (ed.) L. A. Selby-Bigge (Oxford: Clarendon Press, 1888).

——, *Enquiries concerning the Human Understanding and concerning the Principle of Morals,* 2nd ed. (ed.) L. A. Selby-Bigge (Oxford: Clarendon, 1892).

ICRC, *Commentary on the Additional Protocols of 8 June 1977 to the Geneva Conventions of 12 August 1949* (eds.) Yves Sandoz, Christophe Swinarski and Bruno Zimmermann, with Jean Pictet (Geneva: Martinus Nijhoff, 1987).

——, *Customary International Humanitarian Law, Vol. 1: Rules*, (eds.) Jean-Marie Henckaert and Louise Doswald-Beck (Cambridge, Cambridge University Press, 2005).

International Commission on Intervention and State Sovereignty, *The Responsibility to Protect: Report of the International Commission on Intervention and State Sovereignty* (Ottawa: International Development Research Centre, 2001).

——, *The Responsibility to Protect: Research, Bibliography, Background* (Ottawa:

International Development Research Centre, 2001).
Ignatieff, Michael, 'Handcuffing the military?: Military judgment, rules of engagement and public scrutiny' in Patrick Mileham and Lee Willett (eds.), *Military Ethics for the Expediency Era* (London: Royal Institute of International Affairs, 2001), pp. 25–32.
Johnson, James Turner, *Just War Tradition and the Restraint of War* (Princeton, NJ: Princeton University Press, 1981).
——, *Morality of Contemporary Warfare* (New Haven: Yale University Press, 1999).
Kaufman, Frederik, 'Just War Theory and Killing the Innocent', in Michael W. Brough, John W. Lango, and Harry van der Linden (eds.), *Rethinking the Just War Tradition* (Albany: State University of New York Press, 2007), pp. 99–114.
Keegan, John, *War and Our World: Reith lecture 1998* (London: Pimlico, 1999).
Kutz, Christopher, 'Justice and Reparations: The Cost of Memory and the Value of Talk', *Philosophy and Public Affairs* 32: 3 (2004), pp. 277–312.
Luban, David, 'Just War and Human Rights', *Philosophy and Public Affairs* 9: 2 (1980), pp. 160–181.
Mackie, Johne L., *Hume's Moral Theory* (London: Routledge and Kegan Paul, 1980).
Mavrodes, George I., 'Conventions and the Morality of War', in Charles Beitz, Marshall Cohen, Thomas Scanlon and John Simmons (eds.), *International Ethics* (Princeton, NJ: Princeton University Press, 1985), pp. 75–89.
McMahan, Jeff, 'The Ethics of Killing in War', *Ethics* 114: 4 (2004), pp. 693–733.
Meddings, David R., 'Civilians and war: a review and historical overview of the involvement of non-combatant populations in conflict situations', *Medical Conflict Survival* 17: 1 (2001), pp. 6–16.
Meggle, Georg (ed.), *Ethics and Humanitarian Interventions* (Frankfurt: Ontos Verlag, 2004).
Mileham, Patrick, *Ethos: British Army Officership 1962–1992: The Occasional Number 19* (Camberley, Strategic and Combat Studies Institute, 1996).
——, *Value, Values, and the British Army: A Seminar Report* (Edinburgh: Institute for Advanced Studies in Humanities, University of Edinburgh, 1996).
—— (ed.), *War and Morality* (London: Royal United Services Institute, 2004).
——, 'Military Ethics: Questions for a New Chapter', in Patrick Mileham (ed.), *War and Morality* (London: Royal United Services Institute, 2004), pp. 157–164.
Mileham, Patrick and Lee Willett (eds.), *Military Ethics for the Expeditionary Era* (London: Royal Institute of International Affairs, 2001).
Miller, David, *Philosophy and Ideology in Hume's Political Thought* (Oxford: Clarendon Press, 1981).
Murphy, Jeffrie G., *Retribution, Justice and Therapy: Essays in the Philosophy of Law* (D. Reidel: Dordrecht, 1979).
Nagel, Thomas, 'War and Murder', in Marshall Cohen, Thomas Nagel and Thomas Scanlon (eds.), *War and Moral Responsibility* (Princeton, NJ: Princeton University Press, 1985), pp. 53–74.
——, 'Ruthlessness in Public Life', in Stuart Hampshire (ed.), *Public And Private*

Morality (Cambridge: Cambridge University Press, 1978), pp. 75–91.

Nardin, Terry (ed.), *The Ethics of War and Peace: Religious and Secular Perspectives* (Princeton, NJ: Princeton University Press, 1996).

——, 'Introduction', in Terry Nardin (ed.), *The Ethics of War and Peace: Religious and Secular Perspectives* (Princeton, NJ: Princeton University Press, 1996), pp. 3–12.

Noonan Jr., John T., 'Three Moral Certainties', in J. Carl Ficarrotta (ed.), *The Leader's Imperative: Ethics, Integrity, and Responsibility* (West Lafayette, IN: Purdue University Press, 2001), pp. 3–14.

Norman, Richard, *Ethics, Killing and War* (Cambridge: Cambridge University Press, 1995).

O'Brien, William V., *The Conduct of Just and Limited War* (New York: Praeger, 1981).

Oderberg, David S., *Applied Ethics: A Non-Consequentialist Approach* (Oxford: Blackwell, 2000).

O'Donovan, Oliver, *The Just War Revisited* (Cambridge: Cambridge University Press, 2003).

Orend, Brian, *War and International Justice: A Kantian Perspective* (Waterloo: Wilfrid Laurier University Press, 2000).

——, *The Morality of War* (Peterborough, Ontario: Broadview Press, 2006).

Paskins, Barrie and Michael Dockrill, *The Ethics of War* (London: Duckworth, 1979).

Pictet, Jean (ed.), *The Geneva Conventions of 12 August 1949: Commentary vol. 4* (Geneva: ICRC, 1952–60).

Ramsey, Paul, *War and Christian Conscience: How shall Modern War be conducted justly?* (Durham, NC: Duke University Press, 1961).

Regan, Richard J., *Just War: Principles and Cases* (Washington D.C.: Catholic University of America Press, 1996).

Roberts, Adam, 'Humanitarian Issues and Agencies as triggers for International Military action', *International Review of Red Cross* No. 839 (2000), pp. 673–698.

Rodin, David, *War and Self-Defense* (Oxford: Oxford University Press, 2002).

Rogers, A. P. V., *Law on the Battlefield* 2nd ed. (Manchester: Juris Publishing, 2004).

Schmitt, Michael N., 'Precision attack and international humanitarian law', *International Review of Red Cross,* 87:859 (2005), pp. 445–466.

Schoenecase, Daniel P., 'Targeting Decisions Regarding Human Shields', *Military Review* (September-October, 2004), pp. 26–31.

Shaw, William, *Contemporary Ethics: Taking Account of Utilitarianism* (Oxford: Blackwell, 1999).

Shue, Henry (ed.), *Nuclear Deterrence and Moral Restraint: Critical Choice for American Strategy* (Cambridge: Cambridge University Press, 1989).

Sivard, Ruth, *World Military and Social Expenditures 1985* (Washington D.C.: World Watch Institute, 1985)

Slim, Hugo, 'Why Protect Civilians? Innocence, Immunity and Enmity in War',

International Affairs 79: 3. (2003), pp. 483-501.
Southall, David and Kamran Abbasi, 'Protecting civilian from armed conflict: The UN Convention needs an enforcing arm', *British Medical Journal* 316 (1998), pp. 1549-1550.
Taylor, Maxwell D., 'A Do-it-Yourself Professional Code for the Military' in Lloyd J. Matthews and Dale E. Brown (eds.), *The Parameters of Military Ethics* (Washington D.C.: Pergammon Brasseys, 1986).
Teichman, Jenny, *Pacifism and the Just War: A Study in Applied Philosophy* (Oxford: Basil Blackwell, 1986).
Torrance, Iain, *Ethics and Military Community* (Camberley: Strategic and Combat Studies Institute, 1998).
UK Ministry of Defence, *The Manual of the Law of Armed Conflict* (Oxford: Oxford University Press, 2004).
van Doorn, Jacques, 'The military and the Crisis of Legitimacy', in Gwyn Harries-Jenkins and Jacques van Doorn (eds.), *The Military and the Problem of Legitimacy* (London: Sage, 1976), pp. 17-39.
Veale, Frederick J. P., *Advance to Barbarism: The Development of Total Warfare from Sarajevo to Hiroshima* (London: Mitre Press, 1968).
Walker, Margaret Urban, *Moral Repairs* (Cambridge: Cambridge University Press, 2006).
Walzer, Michael, 'World War II: Why Was This War Different?', in Marshall Cohen, Thomas Nigel and Thomas Scanlon (eds.), *War and Moral Responsibility* (Princeton, NJ: Princeton University Press, 1974).
——, *Just and Unjust Wars: A Moral Argument with Historical Illustrations* 2nd ed. (New York: Basic Press, 1992).
——, *Arguing about War* (New Haven: Yale University Press, 2004).
——, 'The Argument about Humanitarian Intervention', in Goerg Meggle (ed.), *Ethics and Humanitarian Interventions* (Frankfurt: Ontos Verlag, 2004), pp. 21-35.
Weiss, Thomas G. and Cindy Collins, *Humanitarian Challenges and Intervention* 2nd ed. (Boulder: Westview Press, 2000).
Yoder, John Howard, *When War is Unjust: Being Honest in Just-War Thinking* (Minneapolis: Augsburg Publishing, 1984).
Zupan, Daniel S., *War, Morality and Autonomy: An Investigation in Just War Theory* (Aldershot: Ashgate, 2004).

〈和　　文〉

マイケル・ウォルツァー(駒村圭吾・鈴木正彦・松元雅和訳),『戦争を論じる——正義のモラル・リアリティ』(風行社, 2008年)。

マイケル・シーゲル「正当戦争 vs 正義の戦争——キリスト教正戦論の落とし穴」,『宗教と倫理』第3号(2003年), 21-42頁。

加藤尚武『戦争倫理学』(ちくま新書, 2003年)。

ドキュメント

Amnesty International, 'Shielded from scrutiny: IDF violations in Jenin and Nublus' (4/11/2002).

——, 'Israel/Occupied Territories: End collective punishment of Palestinians in Occupied Territories', MDE/15/121/2002 (22/7/2002).

——, *Without distinction: attacks on civilians by Palestinian armed groups* (MDE 02/003/2002).

B'Tselem, Press Release, 'IDF is Responsible for Death of "Human Shield"' (B'Tselem: Jerusalem, 14/8/2002).

——, *2006 Activity Report* (Jerusalem: B'Tselem, 2007).

ICRC, *Country report: Israel, the occupied territories and the autonomous territories: ICRC worldwide consultation on the rules of war* (Geneva: ICRC, 1999).

Kellenberger, Jacob (ex-President of ICRC), 'International Humanitarian Law at the Beginning of the 21st Century', at the 26th Round Table in San Remo on current problems of international humanitarian law 'The two Additional Protocols to the Geneva Conventions: 25 year later - challenges and prospects' (Sept. 5, 2002).

UK Army, *The Values and Standards of the British Army: Commanders' Edition* (Army Code No. 63813, 2000).

——, *The Values and Standards of the British Army: Soldiers' Edition* (Army Code No. 63812, D/DPS(A)/3/290/PS2(A), 2000).

——, *Soldiering: The Military Covenant* (Army Doctrine Publication Vol. 5: GD&D/18/34/71 Army Code No. 71642, February 2000). http://www.army.mod.uk/servingsoldier/usefulinfo/vauluesgeneral/adp5milcov/ss_hrpers_values_adp_5_0_w.html, accessed 13/1/2007

UK Army, SO1 Leadership Development, RMAS (Royal Military Academy Sandhurst), *Soldier Management: A Guide for Commanders* (Army Code No. 64286, 2004).

United Nations, 'Report of the Secretary-General prepared pursuant to General Assembly resolution ES-10/10', A/ES-10/186 (30/7/2002), p. 8, para.32. http://daccessdds.un.org/doc/UNDOC/GEN/N02/499/57/IMG/N0249957.pdf?OpenElement, accessed 3/5/2006.

US Government, *National Security Strategy of the United States of America* (Washington DC, September 2002).

Yael Stein (B'Tselem), *Human Shield: Use of Palestinian Civilians as Human Shields in Violation of High Court of Justice Order* (Jerusalem: B'Tselem, 2002).

「平成 17 年度以降に係る防衛計画の大綱」(平成 16 年 12 月 10 日閣議決定)。

新聞記事等

Anderson, John Ward and Molly Moore, 'Jerusalem hit again by blast: In response, Israeli expands seizures of Palestinian areas', *Washington Post* (20/7/2002), p. A1.

Anderson, John Ward and Molly Moore, 'Palestinian vow revenge after Gaza missile strike: Militants said to be poised for truce before Hamas figure, 14 others died', *Washington Post* (24/7/2002), p. A13.

Da Fonseca, Wollheim, Corinna, Janine Zacharia, David Rudge, and Herb Keinon, Philip Chein, 'Accidental hero', *Jerusalem Post* (25/10/2002), p. 3.

Davis, Douglas, 'Israel's UK embassy rebukes British chief rabbi', *Jerusalem Post* (29/8/2002), p. 3.

——, 'Blair: Mideast situation is ugly', *Jerusalem Post* (2/10/2002), p. 1.

Dudkevitch, Margot, 'Hamas vows to avenge killing of top terrorist', *Jerusalem Post* (24/7/2002), p. 1.

Editorial, 'Annihilate Hamas', *Jerusalem Post* (5/8/2002), p. 6.

Farrell, Stephen, 'Israel's "human shield" is killed', *Times* (16/8/2002), p. 18.

Gillan, Audrey, 'UK activist returns from Israel in coma', *Guardian* (20/5/2003), http://www.guardian.co.uk/israel/Story/0,,966860,00.html, accessed 12/7/2007.

Goldenberg, Suzanne, 'The man behind the suicide bombs: Every death is the product of a well-oiled killing machine', *Guardian* (12/6/2002), p. 12.

——, 'Sharon hails raid as great success: International criticism of attack that killed 9 children', *Guardian* (24/7/2002), p. 1.

——, 'UN anger at killing of children', *Guardian* (25/7/2002), http://www.guardian.co.uk/GWeekly/Story/0,,762311,00.html, accessed 26/6/2007.

——, 'Bomb kills seven at university: three US citizens among dead after Hamas attack', *Guardian* (1/8/2002), p. 2.

——, 'Marines may face trial over massacre', *Guardian* (27/5/2006), http://www.guardian.co.uk/frontpage/story/0,,1784387,00.html, accessed 3/6/2006.

Halpern, Orly, "Human Shield' ruled out: Israel court forbid 'neighbour procedure", *Globe and Mail* (7/10/2005), p. A14.

Harries, Richard, 'The path to a just war', *Independent* (31/10/1990), p. 19.

Hockstader, Lee, 'Petition by Reservists Condemrs West Bank and Gaza Occupations', *International Herald Tribune* (29/1/2002), p. 1.

Huggler, Justin, 'Murder in campus: Bombing of university dining hall leaves 7 dead and 70 injured', *Independent* (1/8/2002), p. 1.

Jeffery, Simon, 'War may have killed 10,000 civilians, researchers say', *Guardian* (13/6/2003), p. 18.

Johnson, Andrew, Francis Elliott and Severin Carrell, 'Iraq abuse scandal: Ministry of Defence accused of buying silence of families' over Civilian Deaths', *Independent on Sunday* (20/6/2004), p. 13.

Kifner, John, 'Israeli Bury 6 terror victims as angry Cabinet meets', *New York Times* (30/5/2002), p. A8.

——, 'Israeli surrounds Arafat compounds in a predawn raid', *New York Times* (10/6/2002), p. A1.

——. 'Gaza mourns bombing victims: Israel hastens to explain', *New York Times* (24/7/2002), p. A6.

——, 'Death on the campus: The bombers; Hamas says it regrets American toll in

attack, but hails bombing as success', *New York Times* (2/8/2002), p. A10.

Lahoud, Lamia, 'Arafat orders forces to fight terror', *Jerusalem Post* (9/5/2002), p. 2

MacIntyre, Donald, 'Inquiry after Israeli Forces caught using boy as shield', *Independent* (24/5/2004), p. 31.

——, 'Israeli use of "human shield" is judged illegal', *Independent* (7/10/2005), p. 31.

McGirk, Tim, 'One morning in Haditha', *Times* (27/3/2006), p. 21.

McGreal, Chris and Duncan Campbell, 'Israeli army bulldozer crushes US peace activist in Gaza Strip', *Guardian* (17/3/2003), p. 2, http://www.guardian.co.uk/international/story/0,,9157,00.html, accessed.12/6/2007.

McGreal, Chris, 'Israel's human shield drew fire: Human rights groups return to court over Army's use of Palestinian civilians', *Guardian* (2/1/2003), p. 11.

Morris, Harvey, 'Israeli forces seize Ramallah in biggest offensive for 20 years: UN chief urges both sides to step back from disaster as Palestinians retaliate', *Financial Times* (13/3/2002), p. 1.

Reeves, Phil, 'Rebellion grows among Israeli reserve officers who refuse to serve in', *Independent* (1/2/2002), p. 17.

——, 'Hamas waits defiantly as Israel plots its revenge', *Independent* (25/7/2002), p. 11.

Rudge, David, 'Shehadeh was planning mega-attack', *Jerusalem Post* (26/7/2002), p. 2A

Russell, Ben, 'UK offers payout for victims of Basra raid', *Independent* (12/10/2005), p. 23.

Silver, Eric and Gil Cohen Magen, 'Israelis kill Palestinian girl, 14, in funeral riot in Hebron', *Independent* (29/7/2002), p. 9.

Toameh, Khaled Abu, 'Arafat: Attack on settlers are acts of self-defense', *Jerusalem Post* (10/12/2002), p. 2.

Urquhart, Coral, 'Israeli report clears troops over US death: Peace activist killed by bulldozer acted "illegally and dangerously"', *Guardian* (14/4/2003), p. 12.

——, 'Eight year jail term for Israeli who shot Briton', *Guardian* (12/8/2005), p. 11, http://www.guardian.co.uk/international/story/0,,1547443,00.html,accessed.12/6/2007

Usher, Graham, 'Army Objectors add to Sharon's woes as approval ratings slide', *Guardian* (2/2/2002), p. 17.

——, 'Gunmen kill four settlers in road attacks: Hebron shootings claim three family members, including a child, as fury rages over Gaza raid', *Guardian* (27/7/2002), p. 15.

ウェブサイト

Amnesty International, http://www.amnesty.org

B'Tselem, http://www.btselem.org

Guardian, http://www.guardian.co.uk

Independent, http://www.independent.co.uk

ICRC, http://www.icrc.org
Iraq Body Count, http://www.iraqbodycount.org
Israel Defence Forces, http://www.idf.il
UK Army, http://www.army.org.uk
防衛省，http://www.mod.go.jp